第 2 章 实例 1 在打开义件中置入新的图像

U0339147

第 2 章 实例 2 复制并变换图像

第 3 章 实例 1 选择规则图像制作信纸

第 3 章 实例 3 给人物替换漂亮的背景

第 4 章 实例 2 Lab颜色模式下打造时尚阿宝色

第 4 章 实例 4 恢复画面正常曝光效果

第 4 章 实例 5 校正偏色的图像

本书实例欣赏

第4章 实例7 制作经典黑白图像

第5章 实例1 快速为图像填充渐变背景

第5章 实例2 将图像打造为艺术画作效果

第5章 实例3 给人物绘制天使般的翅膀

第5章 实例5 给黑白图像上色

第6章 实例3 在图像背景中添加图案

第7章 实例1 绘制可爱的卡通图形

第7章 实例3 钢笔工具精确抠取图像

第7章 实例2 绘制简洁的招贴画

第7章 实例4 绘制路径并填色

第8章 实例2 添加漂亮的海报文字

第8章 实例3 为图像创建艺术文字

第8章 实例4 杂志封面的设计

第9章 实例2 混合图层增强画面亮度

第8章 实例5 制作发光特效文字效果

第9章 实例3 为画面填充艺术渐变色

第9章 实例4 调整图层修饰整体色调

第10章 实例1 利用蒙版合成图像

第10章 实例2 利用通道精确抠图

第10章 实例3 编辑颜色通道更改色调

第10章 实例4 合成梦幻的电影人物海报

第11章 实例4 打造抽象艺术背景效果

第11章 实例1 为照片添加晕影效果

本书实例欣赏

第 11 章 **实例 3** 制作古典水墨画效果

第 11 章 **实例 5** 打造创意星球
特效

第 12 章 **实例 1** 创建 3D 形状
并添加材质

第 12 章 **实例 4** 制作时间轴
动画

第 13 章 **实例 2** 拼接出壮丽的全景图

Photoshop CC
中文版标准教程

刘 昕 李 静 陈高雅◎编著

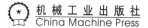
机械工业出版社
China Machine Press

图书在版编目（CIP）数据

Photoshop CC中文版标准教程／刘昕，李静，陈高雅编著. —北京：机械工业出版社，2016.11

ISBN 978-7-111-55355-7

Ⅰ．①P… Ⅱ．①刘… ②李… ③陈… Ⅲ．①图像处理软件－教材 Ⅳ．①TP391.413

中国版本图书馆CIP数据核字（2016）第274907号

Photoshop是当今流行的图像处理和矢量图形设计软件，被广泛应用于平面设计、包装装潢、彩色出版等诸多领域。该软件现今已升级至Photoshop CC 2015，在功能及操作的人性化方面均有很大提升。

本书根据中高等职业院校师生的实际需求编写，由浅入深地讲解Photoshop CC 2015的使用方法，以帮助读者充分运用Photoshop CC 2015的强大功能来扩展自己的创意空间。

全书共13章，可划分为5个部分。第1部分介绍Photoshop的基础知识和基本操作。第2部分介绍图像的选取、调色、绘制、修复和修饰技法。第3部分讲解使用图形工具绘制矢量图形、在图像中创建和编辑文字等内容。第4部分介绍图层、蒙版、通道、滤镜、3D和动画功能，以及这些功能在图像合成和特效制作中的应用。第5部分讲解如何应用动作、批处理等功能提高工作效率，以及图像的输出等内容。

本书内容翔实，图文并茂，可操作性和针对性强，适合作为中高等职业院校"数字媒体艺术""图形图像设计与制作"等专业课程的教材，也适合Photoshop初学者及有一定平面设计经验的读者阅读，还可作为各类平面设计培训班的教材。

Photoshop CC中文版标准教程

出版发行：机械工业出版社（北京市西城区百万庄大街22号　邮政编码：100037）

责任编辑：杨　倩

印　　刷：北京天颖印刷有限公司　　　　　　　　版　次：2017年1月第1版第1次印刷

开　　本：184mm×260mm　1/16　　　　　　　印　张：14.75印张（含0.25印张彩插）

书　　号：ISBN 978-7-111-55355-7　　　　　　定　价：39.80元

凡购本书，如有缺页、倒页、脱页，由本社发行部调换

客服热线：（010）88379426　88361066　　　　投稿热线：（010）88379604

购书热线：（010）68326294　88379649　68995259　　读者信箱：hzit@hzbook.com

版权所有·侵权必究

封底无防伪标均为盗版

本书法律顾问：北京大成律师事务所　韩光/邹晓东

前 言
PREFACE

Photoshop是Adobe公司推出的图像处理软件，以其丰富强大的功能、人性化的操作方式、所见即所得的工作界面，成为了平面设计师、摄影师、图像处理爱好者们的必备工具。本书从中高等职业院校师生的实际需求出发，以Photoshop CC 2015为软件平台，由浅入深地全面解析了Photoshop的各项功能，并通过实例将知识点应用到具体操作中，真正做到了理论与实践相结合。

◎ 内容结构

本书共13章，可划分为5个部分。

第1部分为软件基础入门，包括第1～2章，介绍了Photoshop的基础知识和基本操作。

第2部分为图像处理基本操作，包括第3～6章，介绍了图像的选取、调色、绘制、修复和修饰技法。

第3部分为矢量图形和文字的编辑，包括第7～8章，讲解了使用图形工具绘制矢量图形、在图像中创建和编辑文字等内容。

第4部分为图像处理高级应用，包括第9～12章，介绍了图层、蒙版、通道、滤镜、3D和动画功能，以及这些功能在图像合成和特效制作中的应用。

第5部分为第13章，讲解如何应用动作、批处理等功能提高工作效率，以及图像的输出等内容。

◎ 编写特色

◎ 内容全面、图文并茂

本书提炼了Photoshop CC 2015软件功能和操作的所有重要知识点，并站在初学者的角度进行详细讲解，每个知识点和操作步骤都配有清晰直观的图片，读者完全能够自学掌握并灵活应用。

◎ 实例丰富、讲练结合

本书从第2章开始加入多个与知识点联系紧密的典型实例，并在云空间资料中提供实例用到的所有素材和源文件。读者按照书中讲解，结合实例文件进行实际动手操作，能够快速理解和消化前面所学的知识和技法。每章最后还附有"本章小结"及"思考与练习"，供读者巩固学习效果使用。

◎ 知识补充、技巧提示

本书在知识点讲解和实例操作解析中，还适当穿插了"知识补充"和"技巧提示"，让读者在掌握基础知识和基本操作的基础上，能够进一步开阔眼界、提高效率。

◎ 资源丰富、教学无忧

本书配套的云空间资料除了包含书中所有实例的素材和源文件外，还有教学视频、PPT课件、素材模板等丰富资源，任课教师可以随时下载并在授课时使用。

◎ 读者对象

本书适合作为中高等职业院校"数字媒体艺术""图形图像设计与制作"等专业课程的教材，也适合Photoshop初学者及有一定平面设计经验的读者阅读，还可作为各类平面设计培训班的教材。

本书由鲁迅美术学院视觉传达设计学院刘昕老师、河北旅游职业学院李静老师、河南工业大学设计艺术学院陈高雅老师联合编写。由于编者水平有限，在编写本书的过程中难免有不足之处，恳请广大读者指正批评，除了扫描二维码添加订阅号获取资讯以外，也可加入QQ群134392156与我们交流。

编 者
2016年12月

☁ 如何获取云空间资料

步骤 1：扫描关注微信公众号

在手机微信的"发现"页面中点击"扫一扫"功能，如左下图所示，页面立即切换至"二维码/条码"界面，将手机对准右下图中的二维码，即可扫描关注我们的微信公众号。

步骤 2：获取资料下载地址和密码

关注公众号后，回复本书书号的后 6 位数字"553557"，公众号就会自动发送云空间资料的下载地址和相应密码。

步骤 3：打开资料下载页面

方法 1：在计算机的网页浏览器地址栏中输入获取的下载地址（输入时注意区分大小写），按 Enter 键即可打开资料下载页面。

方法 2：在计算机的网页浏览器地址栏中输入"wx.qq.com"，按 Enter 键后打开微信网页版的登录界面。按照登录界面的操作提示，使用手机微信的"扫一扫"功能扫描登录界面中的二维码，然后在手机微信中点击"登录"按钮，浏览器中将自动登录微信网页版。在微信网页版中单击左上角的"阅读"按钮，如右图所示，然后在下方的消息列表中找到并单击刚才公众号发送的消息，在右侧便可看到下载地址和相应密码。将下载地址复制、粘贴到网页浏览器的地址栏中，按 Enter 键即可打开资料下载页面。

步骤 4：输入密码并下载资料

在资料下载页面的"请输入提取密码："下方的文本框中输入下载地址附带的密码（输入时注意区分大小写），再单击"提取文件"按钮，在新打开的页面中单击右上角的"下载"按钮，在弹出的菜单中选择"普通下载"选项，即可将云空间资料下载到计算机中。下载的资料如为压缩包，可使用 7-Zip、WinRAR 等解压软件解压。

目 录

CONTENTS

第 3 章　选区的创建和应用

第 4 章　图像色彩的调整

第 5 章　Photoshop CC 的绘图功能

第 6 章　图像的修复和修饰

第 7 章　矢量图形的创建和编辑

第8章 文字的设置与应用

第9章 图层功能的全面解析

第 10 章　蒙版和通道的应用

第 11 章　滤镜的特殊效果

第 12 章　3D 功能和动画制作

第 13 章　动作、批处理及图像输出

第1章

认识全新的 Photoshop CC

Photoshop 是一款用于图像制作和处理的专业软件。作为一款大众化图像软件，受到了越来越多人的喜爱。Photoshop CC 是目前 Adobe 公司推出的 Photoshop 系列软件中的最新版本，相比之前的版本 Photoshop CC 更加智能化。

1.1 初识 Photoshop CC

学习 Photoshop CC 的操作之前，需要对它有一个大致的认识，了解它的主要功能和应用领域，为后面的学习奠定基础。

1.1.1 认识 Photoshop CC

Photoshop 是 Adobe 公司推出的一款功能强大的图像处理软件，集图像扫描、编辑修改、设计制作、广告创意、图像输入与输出于一体。Photoshop CC 是 Adobe 公司有史以来最大规模的产品升级，与之前版本相比较，Photoshop CC 在图像处理功能上更加完善，并且能同时满足不同设计人群的需要。它分为 Photoshop CC、Photoshop CC 2014 和 Photoshop CC 2015 几个不同的版本。其中 Photoshop CC 2014 是 Photoshop CC 的升级版本，增加相机防抖动功能、图像提升采样等功能，并改进了"属性"面板等；而 Photoshop CC 2015 则是在 Photoshop CC 2014 基础上的再次升级，开发出了多画板编辑功能、PS 设计空间功能、Adobe 图库以及更强大的图片修复功能等。图 1-1 为 Photoshop CC 2015 程序图标，图 1-2 为该版本的启动画面。

图 1-1

图 1-2

1.1.2 了解 Photoshop 的应用领域

在学习 Adobe Photoshop CC 之前，需要对 Adobe Photoshop CC 的应用领域进行了解。Adobe Photoshop CC 提供了色彩调整、图形绘制、图像修饰等功能，通过使用这些功能可以制作出超乎想象的图片特殊效果，目前被广泛应用于平面广告设计、网页设计、插画设计以及照片处理等多个领域。

1 平面广告

平面广告设计是 Photoshop 最常应用的领域，平面广告设计包括海报、报纸广告、杂志广告、画册、DM 单、包装设计等。其主要特点是通过广告中的文字和图形来向人们传达广告信息，图 1-3 即为用 Photoshop 制作出的软件宣传广告。

图 1-3

2 网页设计

在互联网日益普及的今天，网络与我们的工作和生活变得越来越紧密。网页在向人们传递信息的同时，还必须要有独特的吸引力来吸引更多人的视线。因此网页设计的好坏是非常重要的。好的网页设计能给人带来美的享受，图 1-4 即为一个英语培训机构网站的页面设计效果。

图 1-4

3 3D效果

制作 3D 效果是 Photoshop CC 的一个增强功能。用 Photoshop 打开的 3D 文件保留了图片中物体的纹理、渲染以及光照信息。用户可以移动 3D 框；对其进行绘画处理；更改渲染模式；编辑和添加光照、纹理等。此外，还可在 Photoshop 中以 2D 图层作为起点，从零开始创建 3D 模型，应用 Photoshop 还可以为 3D 模型

添加上有质感的纹理效果，图 1-5 和图 1-6 即为绘制 3D 模型并添加上纹理后的效果。

图 1-5　　　　　　　　图 1-6

4 照片后期

运用 Photoshop 中的数码照片修饰功能可以轻松地编辑或修改数码照片，如去除人物皮肤上的瑕疵、调整照片的整体色调等。同时，应用 Photoshop 还可以将多张照片合成，制作出有趣的图像，图 1-7 即为 Photoshop 在照片处理上的应用效果。

图 1-7

5 插画设计

在现代设计领域中，插画设计也是最具有表现意味的一项设计，它与绘画艺术触类旁通，插画艺术的许多表现技法都借鉴了绘画艺术的表现技法。运用 Photoshop 的绘图功能可以在电脑上绘制出美轮美奂的插画作品，图 1-8 即为一幅艺术插画作品。

图 1-8

1.1.3 了解 Photoshop CC 的新功能

Photoshop CC 作为 Photoshop 的最新版本，在功能上更加强大，它能够对图像进行更加智能化的编辑。开发者对 Photoshop CC 中的"图层"面板进行了改进，可分别显示特定类型的图层，此外，还增加了全新的"裁剪透视工具"和"混合工具"，并丰富了模糊滤镜，使编辑图像的过程变得更加人性化。

1 全新的"字形"面板

Photoshop CC 增加了一个全新的"字形"面板，用户可在 Photoshop 中使用"字形"面板，将标点字符、上标字符和下标字符、货币符号、数字、特殊字符以及其他语言中的字形插入至文本。执行"文字 > 面板 > 字形面板"菜单命令或执行"窗口 > 字形"菜单命令，即可打开"字形"面板，在"字形"面板中，单击面板中的字形，如图 1-9 所示，即可在光标所在位置插入对应的字形，如图 1-10 所示。

图 1-9　　　　　　　图 1-10

2 全新的去雾霾功能

借助 Adobe Camera Raw 滤镜中全新的去除雾霾功能可以轻松调整照片中的薄雾或雾气的量。在 Camera Raw 中打开如图 1-11 所示需要去除雾霾的图像，单击"效果"按钮 fx，切换至"效果"选项卡，在选项卡中向左拖曳"去除薄雾"选项组下的"数量"滑块如图 1-12 所示，即可快速去掉雾霾，效果如图 1-13 所示。

图 1-11

 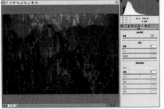

图 1-12　　　　　　　图 1-13

3 增强的局部调整

Adobe Camera Raw 中的局部调整控件增加了"白色"和"黑色"滑块，允许用户有选择性的调整照片中的白色和黑色。当我们在 Adobe Camera Raw 中使用调整画笔、渐变滤镜或径向滤镜时，可使用这些新增的滑块。打开一张素材图像，如图 1-14 所示，执行"滤镜 >Camera Raw 滤镜"菜单命令，在打开的 Camera Raw 对话框中单击"渐变滤镜"按钮，在展开的"渐变滤镜"选项卡中设置参数，调整"白色"和"黑色"滑块以及其他选项，如图 1-15 所示，设置后可得到如图 1-16 所示效果。

图 1-14

图 1-15　　　　　　　图 1-16

4 增强的"模糊画廊"滤镜

Photoshop 中对"场景模糊""光圈模糊""移轴模糊"等滤镜进行了调整，将其添加到了全新的"模糊画廊"滤镜下，用于图像的模糊设置。同时，为了解决图像模糊区域看起来不太自然的情况，用户还可以恢复图像模糊区域中的杂色 / 颗粒，使其外观看起来更加接近于自然的模糊效果。 如图 1-17

图 1-17

所示,执行"滤镜 > 模糊画廊 > 路径模糊"命令,然后在打开的模糊画廊下设置选项,确认后得到如图 1-18 所示的模糊效果。

图 1-18

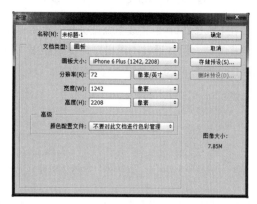

图 1-19

5 同一画布上对应不同设备的画板

如果您是一名 Web 或 UX 设计人员,会发现自己需要设计适合多种设备的网站或应用程序,如果要在不同大小的画板中进行调整会非常麻烦,但在 Photoshop CC 中,新增的画板功能可以提供一个无限画布,可以让设计师在此画布上布置适合不同设备和屏幕的设计,以助于简化设计流程。创建画板时,您可以选择不同的预设,或自定义画板大小,如图 1-19 所示。图 1-20 和图 1-21 是使用画板编辑后的图像和"图层"面板。

图 1-20

图 1-21

1.2 启动和退出 Photoshop CC

Photoshop CC 的启动和其余版本的操作类似,可以通过多种渠道来启动程序。退出程序的方法也非常简单,通过菜单命令或图标按钮都可以关闭程序。

1.2.1 启动 Photoshop CC

可以通过双击桌面上的快捷图标启动 Photoshop CC 程序,也可以通过开始菜单启动。在计算机上安装完 Photoshop CC 程序后,会在桌面上出现一个快捷图标,双击该图标,即可启动 Photoshop CC 程序。若没有快捷图标,则需要从"开始"菜单中启动程序,执行"开始 > 所有程序 >Adobe Photoshop CC"菜单命令,如图 1-22 所示,启动 Photoshop CC 程序,此时将显示如图 1-23 所示的启动画面。

图 1-22

图 1-23

1.2.2　退出 Photoshop CC

　　在 Photoshop 中完成图像设计后，需要退出 Photoshop CC。退出 Photoshop CC 可用多种不同的方法来完成，可以通过"退出"命令，如图 1-24 所示；也可以单击工作界面右上角的"关闭"按钮退出程序，如图 1-25 所示。

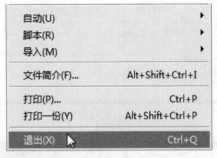

图 1-24

图 1-25

1.3　全新的 Photoshop CC 工作界面

　　Photoshop CC 的操作界面和以往的 Photoshop CS 操作界面存在一定的差别，其中较为明显的差别就是更换了操作界面颜色和一些操作面板。安装完成 Photoshop CC 后，启动软件，即可看到 Photoshop CC 的操作界面。该操作界面中依旧包括菜单栏、工具箱、选项栏等，但各个区域所包含的具体内容和 Photoshop CS 相比也大不相同。

1.3.1　认识全新的工作界面

　　启动 Photoshop CC 后，即可进入到 Photoshop CC 的工作界面中，整体界面默认为深灰色，显得更简洁、美观。Photoshop CC 的工作界面与之前版本基本类似，也是由菜单栏、工具箱、图像窗口、面板等部分组成，但去除了应用程序栏，如图 1-26 所示。

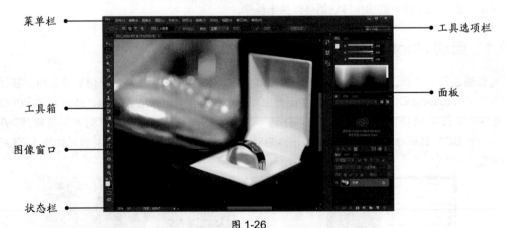

图 1-26

1.3.2　了解菜单栏

　　菜单栏中提供了 11 个子菜单，如图 1-27 所示。Photoshop 中能用到的命令几乎都集中在菜单栏中。单击菜单，就会弹出相应的菜单命令，这些菜单包括文件、编辑、图像、图层、文字、选择、滤镜、3D、视图、窗口和帮助菜单选项。

| 文件(F) 编辑(E) 图像(I) 图层(L) 文字(Y) 选择(S) 滤镜(T) 3D(D) 视图(V) 窗口(W) 帮助(H) |

图 1-27

1 "文件"菜单

"文件"菜单下的命令主要针对整个图像。在打开的下级菜单中可以执行新建、打开、存储、关闭、置入等一系列针对文件的命令。

2 "编辑"菜单

"编辑"菜单中的各命令用于对图像进行编辑，包括还原、剪切、拷贝、变换、自由变换等。

3 "图像"菜单

"图像"菜单命令中的各命令主要是对图像模式、颜色、画布大小、图像大小等进行设置，并且可以利用"图像"菜单中的命令对图像进行裁剪等操作。

4 "图层"菜单

"图层"菜单中的命令主要用于对图层进行编辑，如新建图层、复制图层、图层编组、排列图层顺序等，利用这些命令可以对图像进行更高效的管理。

5 "文字"菜单

"文字"菜单中的命令主要用于对创建的文字进行调整和编辑，可以进行"文字"面板的选项、文字变形、将文字转换为路径等操作。

6 "选择"菜单

"选择"菜单中的命令主要用于对选区进行操作，可对选区进行反向、变换、扩大、收缩、羽化以及载入等操作。

7 "滤镜"菜单

"滤镜"菜单中的命令主要用于给图像设置各种不同的特殊效果。开发人员对 Photoshop CC 中的"滤镜"菜单下的命令做了适当的调整，使得滤镜的应用变得更加灵活。

8 "3D"菜单

3D 菜单中的命令主要针对 3D 图像进行相应的操作，通过应用这些菜单命令，可以快速创建或编辑 3D 图像。

9 "视图"菜单

"视图"菜单中的命令可对整个图像进行调整，包括缩放图像、改变屏幕模式、显示标尺与参考线等。

10 "窗口"菜单

"窗口"菜单中的命令主要用于控制 Photoshop CC 工作界面中的工具箱和各个面板的显示或隐藏，通过快速显示或隐藏工具面板，提高工作效率。

11 "帮助"菜单

"帮助"菜单提供了 Photoshop CC 中的各项帮助信息。

1.3.3 认识工具箱中的工具

工具箱将 Photoshop 中的功能以图标的形式聚集在一起，从工具的展现形态和名称就可以清楚地了解各个工具的功能。为了更方便地使用这些工具，Photoshop 还针对每个工具设置了相应的快捷键，以此使各工具之间的切换更加快捷。默认情况下工具箱在工作界面左侧以单列的形式显示，如图 1-28 所示。单击工具箱上方的双箭头，可切换工具箱以双列的形式显示，如图 1-29 所示。单击并拖曳工具箱上方的深灰色条，可将工具箱以浮动面板的形式显示，用户可以将其拖至界面中任意位置，如图 1-30 所示。

图 1-28

图 1-29

图 1-30

在工具箱中除了显示的各种工具外，还提供了许多的隐藏工具。在一些工具图标右下角有一个小三角形图标，这表示该工具有相应的隐藏工具。右击或长按该工具图标，即可打开该工具组中相应的隐藏工具。工具箱中提供的所有工具如图 1-31 所示。

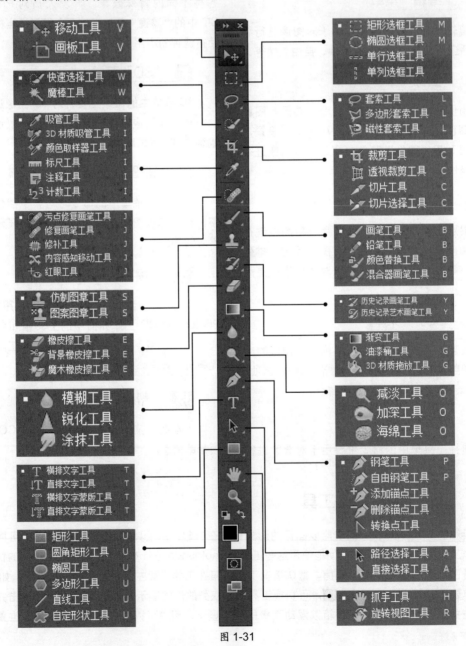
图 1-31

1.3.4 常用面板简介

面板默认出现在 Photoshop 工作界面的右侧，主要用于设置和修改图像。在编辑图像时，可针对不同的素材选取合适的面板对画面进行编辑。Photoshop CC 共提供了 29 个面板，下面介绍图像处理中常用的一些面板。

1 "图层"面板

"图层"面板用于编辑和管理图层，是 Photoshop 中最常用的面板。在操作过程中出现的所有图层都能够在"图层"面板中查看到，如图 1-32 所示。

图 1-32

2 "通道"面板

"通道"面板用于显示打开图像的颜色信息，通过设定相应通道的数值达到管理颜色信息的目的。不同颜色模式的图像，其通道也不相同，如图 1-33 所示为 RGB 颜色模式的图像在"通道"面板中显示出的通道效果。

图 1-33

3 "路径"面板

用于存储和编辑路径，"路径"面板中记录了在操作过程中创建的所有路径，如图 1-34 所示。通过"路径"面板可以创建新路径。单击面板中的"创建新路径"按钮，即可新建路径。

图 1-34

4 "颜色"面板

"颜色"面板用于设置前景色和背景色。在面板中单击左前方的色块即可设置前景色，单击后方的色块即可设置背景色，默认情况下为黑白色。单击并拖曳面板右侧的滑块，即可设置所需的颜色，如图 1-35 所示即为打开的"颜色"面板。

图 1-35

5 "色板"面板

"色板"面板主要用于对颜色的设定，单击色板选项卡，即可看到"色板"面板，如图 1-36 所示。将鼠标放置到"色板"面板中的色块上，出现吸管图标，单击色块即可将该色块颜色设置为前景色。

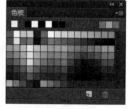

图 1-36

6 "样式"面板

"样式"面板提供了多种预设样式。单击"样式"选项卡，即可看到"样式"面板，如图 1-37 所示。在面板中单击扩展按钮，在打开的面板菜单中还可以选择更多种预设样式。

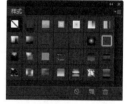

图 1-37

7 "调整"面板

"调整"面板用于创建调整图层，单击面板下方按钮即可新建相应调整图层，"调整"面板如图 1-38 所示。此外，也可以单击"调整"面板右上角的扩展按钮，在弹出的面板菜单中选择并创建调整图层。

图 1-38

8 "属性"面板

"属性"面板集合了所有调整属性、蒙版属性以及实时形状属性。在"调整"面板中单击调整按钮，就可在"属性"面板中显示与调整图层对应的选项，如图 1-39 所示；在图像中若添加图层蒙版，在"属性"面板中将显示蒙版选项，如图 1-40 所示；若使用绘图工具绘制图形，在"属性"面板中将显示"实时形状属性"选项，如图 1-41 所示。

图 1-39

图 1-40

图 1-41

9 "导航器"面板

"导航器"面板主要应用于页面的导航设置，拖曳面板下方的滑块，可以快速对当前图像快速放大或缩小，图 1-42 所示即为打开的"导航器"面板。

10 "字符"面板

"字符"面板可对文字属性进行设置，主要包括文字大小、颜色和字间距等，如图 1-43 所示。

11 "段落"面板

"段落"面板可以设置与文本段落相关的选项，可调整段落间距，增加和减少缩进量，如图 1-44 所示。

图 1-42

图 1-43

图 1-44

1.4 个性化的工作区域

在 Photoshop CC 中，用户可以选择各种预设的工作区，也可以根据自己的操作习惯和工作需要对面板进行合理的拆分与组合，自定义个性化的工作区。

1.4.1 从用户群选择工作区

Photoshop 为了满足不同用户群的设计需要，设置了 3D、动感、绘画等多种不同的预设工作区，当选取不同的预设工具区时，将会在工作界面中显示不同的面板选项。

要选择预设工作区，可单击工作区右上角的"选择工作区"按钮 基本功能，在打开的下拉列表中选择其中的一个工作区，如图 1-45 所示；也可以执行"窗口 > 工作区"菜单命令，如图 1-46 所示，选择预设工作区的效果如图 1-47 所示。

图 1-45

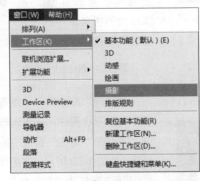
图 1-46

图 1-47

📖 知识补充

　　在工作区中打开多个文档后，执行"窗口 > 排列"菜单命令，然后在打开的子菜单中选择相应的菜单命令，可以对打开的多个文件窗口的排列方式进行调整。

1.4.2　面板的拆分和组合

　　工作界面中的面板都被组合在一起并显示在界面右侧，这样不仅节约了面板所占用的空间，也让图像窗口操作起来更加方便。在实际操作中，也可以通过拖曳的方式对界面中的面板进行拆分与重组，自定义面板组合。

1 拆分面板

　　在默认工作界面右侧可看到颜色面板组合，如图 1-48 所示，若单击并按住"颜色"面板标签，向下拖曳，可以将该面板拆分出来，成为浮动面板，如图 1-49 所示。

2 组合面板

　　将拆分出来的"颜色"面板选中，单击并拖曳至需要组合的"图层"面板组中，如图 1-50 所示，释放鼠标后，即把"颜色"面板组合至"图层"面板组中，如图 1-51 所示。

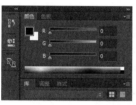

图 1-48　　　　　　图 1-49

图 1-50　　　　　　图 1-51

1.4.3　存储定义的工作区

　　对面板进行拆分和组合后，可以将面板的设置通过"新建工作区"命令进行保存，存储为一个新的工作区，并罗列到"工作区"菜单中，用于以后选择相同的工作区。

1 执行菜单命令

　　对于工作区的存储操作，可执行"窗口 > 工作区 > 新建工作区"菜单命令，如图 1-52 所示。

2 设置工作区名称

　　打开"新建工作区"对话框，输入新建工作区的名称，单击"存储"按钮，存储工作区，如图 1-53 所示。

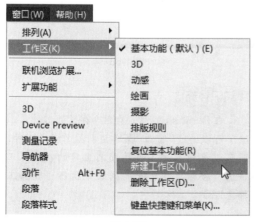

图 1-52

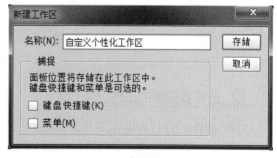

图 1-53

1.4.4　复位工作区

对工作界面中的面板进行移动或组合设置后，可以通过选择"复位××（工作区名称）"命令，将调整后的工作区还原至最初始效果。

对于工作区的还原，执行"窗口 > 工作区 > 复位基本功能"菜单命令，如图 1-54 所示，或者单击"选择工作区"按钮 基本功能 ，在打开的列表中选择"复位基本功能"命令，如图 1-55 所示，复位基本功能工作区的效果如图 1-56 所示。

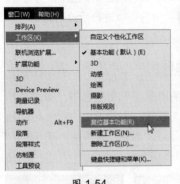
图 1-54

图 1-55

图 1-56

1.4.5　删除工作区

当不再需要自定义的工作区时，可以利用"删除工作区"命令将不需要的工作区从工作区列表中删除。

1 执行菜单命令

要删除自定义的工作区，执行"窗口 > 工作区 > 删除工作区"菜单命令，如图 1-57 所示。

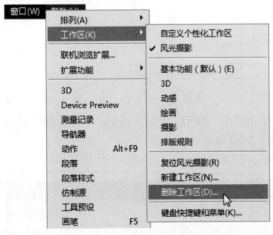
图 1-57

2 选择要删除的工作区

打开"删除工作区"对话框，单击对话框中"工作区"后的三角按钮，在打开的列表中选择要删

除的工作区，单击"删除"按钮即可，如图 1-58 所示。

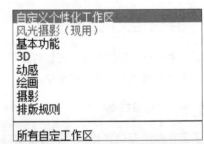

图 1-58

📖 知识补充

在 Photoshop 中，要删除存储的工作区，除了可以通过"窗口"菜单进行操作完成以外，还可以直接单击工作界面右上角的"选择工作区"按钮，在打开的列表中执行"删除工作区"命令。

1.5 本章小结

学习使用 Photoshop 软件之前，首先要对软件有一个全面的了解，知道它可以用来做什么、主要有哪些功能、工作界面的组成部分等。本章主要介绍 Photoshop CC 的应用领域、界面构成、工作区的设置等，读者通过本章的学习，能够对 Photoshop CC 有一个初步的认识，并知道 Photoshop CC 工作界面中的各种工具、面板的主要作用，以及如何快速对面板进行拆分、组合，定义个性化的工作区。

1.6 思考与练习

1. 填空题

（1）Photoshop CC 中的工具箱可以以 _____、_____ 两种形式显示。

（2）执行 _____ 命令可以关闭正在编辑的图像，执行 _____ 命令可以退出 Photoshop 程序。

（3）Photoshop CC 中除了"基本功能（默认）"工作区以外，还有 _____、_____、_____、_____、_____ 5 种不同的预设工作区。

（4）对工作区中的面板重新拆分与组合后，可以通过执行 _____ 命令把设置后的工作区存储，并使其被罗列到 _____ 菜单中。

2. 问答题

（1）可以通过哪些方法启动 Photoshop 程序？

（2）怎样关闭显示在工作界面中的面板？

（3）从哪里可以了解 Photoshop CC 有哪些新功能？

（4）怎样快速删除自定义的工作区？

3. 上机题

（1）学习在计算机中安装 Photoshop CC 程序。

（2）设置一个自定义工作区，其界面效果如图 1-59 所示。

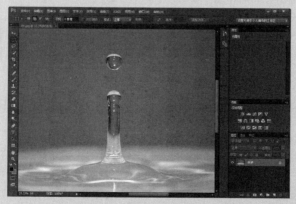

图 1-59

第2章

掌握 Photoshop CC 的基本操作

认识了 Photoshop CC 后，就可以开始在软件中进行一些基本的操作，包括对文件的打开、关闭、存储和置入，并通过基本的调整命令调整图像的颜色、尺寸等，让读者快速学会 Photoshop CC 的基本功能，并着手对图像进行常规编辑。

2.1 文件的基本操作

在使用 Photoshop CC 对图像进行编辑与制作前，首先要掌握一些基础操作，例如新建文件、打开文件、关闭与存储文件等。使用 Photoshop CC 中的"文件"菜单即可以完成文件的新建、打开、置入以及存储等一系列操作。

2.1.1 文件的新建

新建文件是运用 Photoshop CC 对图像进行处理的基础。通过菜单命令可以在操作界面中创建一个空白文档，并且文档的大小、颜色等属性都可以由用户自己来定义。执行"文件>新建"菜单命令，打开"新建"对话框，可在该对话框中设置其大小、分辨率以及背景颜色等。

1 预设新建

在打开的"新建"对话框中单击"文档类型"右侧的下拉按钮，即可打开"文档类型"列表，如图 2-1 所示。在该列表中选择预设的选项后，在对话框下方的大小、宽度及高度等参数也会随之发生改变，如图 2-2 所示，此时单击"确定"按钮，则会以选择的预设选项创建一个新的空白文件。

图 2-1

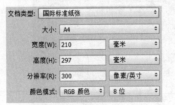

图 2-2

2 宽度和高度设置

"宽度"和"高度"选项用于设置新建文档

的宽度和高度，用户可以直接在"宽度"和"高度"文本框中输入数值，然后单击右侧的单位下拉按钮，在打开的列表中选择合适的单位，单击"确定"按钮，即可创建文档，如图 2-3 和图 2-4 所示。

图 2-3

图 2-4

3 指定新建文件背景

"背景内容"选项主要用于设定新建文档的背景颜色，在"背景内容"的下拉列表中提供了"白色""背景色"和"透明"3 个选项，如图 2-5 和图 2-6 所示分别为选择"背景内容"为"背景色"和"透明"时创建的文档效果。

图 2-5

图 2-6

📖知识补充

启动 Photoshop CC 后，按下快捷键 Ctrl+N，也可以打开"新建"对话框。Photoshop CC 提供的大量快捷键是其操作的精髓，读者应熟练掌握，这样能大大提高工作效率。

2.1.2 文件的打开

应用 Photoshop CC 处理图像之前，需要先将原素材图像在软件中打开，可以运用"打开"命令来实现。在 Photoshop CC 中，应用"打开"命令不但可以打开 Photoshop 专用的 PSD 格式文件，也可以打开多种其他格式的文件。

执行"文件 > 打开"菜单命令，在打开的对话框中单击选择需要打开的图像，单击底部的"打开"按钮，如图 2-7 所示，将选择的图像打开，效果如图 2-8 所示。

图 2-7

图 2-8

2.1.3 文件的置入

"置入嵌入的智能对象"命令可以将新图像以智能对象的形式添加到已经打开的图像中。当新建或打开文件后，执行"文件 > 置入嵌入的智能对象"菜单命令，即可将图像置入到画面中，同时，对于已经置入的图像，还可以对其进行大小、角度的调整。

打开一张素材图像，执行"文件 > 置入嵌入的智能对象"菜单命令，打开"置入嵌入的智能对象"对话框，在"置入嵌入的智能对象"对话框中选中需要置入的图像，如图 2-9 所示，单击"置入"按钮，置入图像，如图 2-10 所示。

图 2-9

图 2-10

2.1.4 关闭与存储文件

编辑完图像后，可以将设置好的图像存储于指定的文件夹中，再将存储好的图像关闭，便于查找和再次使用。在 Photoshop CC 中，利用"存储"和"存储为"菜单命令可存储图像，利用"关闭"菜单命令，则可以关闭存储的文件。

1 存储文件

执行"文件 > 存储为"菜单命令，如图 2-11 所示，打开"存储为"对话框，在对话框中输入文件名并指定存储格式，如图 2-12 所示，单击"保存"按钮，即可将图像存储。

2 关闭文件

执行"文件 > 关闭"菜单命令，如图 2-13 所示。执行此命令后，将弹出提示对话框，如图 2-14 所示，单击对话框中的"否"按钮，可以不更改图像，直接将其关闭，如图 2-15 所示。

图 2-11

图 2-12

图 2-13

图 2-14

图 2-15

2.2 对图像的基本调整

在 Photoshop CC 中新建文件后，就可以对图像进行基本的调整了。通过"图像"菜单中的各种命令，可以自动调整图像颜色、修改图像尺寸、编辑画布大小以及对图像进行简单的旋转操作。熟识这些基本操作，为后面更深入的编辑工作做好准备。

2.2.1 自动调整图像颜色

Photoshop CC 中的"图像"菜单命令新增了 3 个自动调整图像的命令，即"自动色调"命令、"自动对比度"命令和"自动颜色"命令。自动调整图像命令可以根据图像的色调、对比度等进行自动调整，使图像更加完美。

1 自动色调

色调是指一幅作品的色彩外观的基本倾向，包括明度、纯度和色相 3 个要素。"自动色调"命令可以根据图像自身的色调来均匀化自动调整图像的明度、纯度和色相，如图 2-16 和图 2-17所示分别为应用"自动色调"调整前后的对比效果。

图 2-16

图 2-17

2 自动对比度

"自动对比度"命令主要用于自动调整图像的对比度，调整后的图像高光区域将变得更亮，阴影区域将变得更暗。"自动对比度"命令的使用效果更适合于色调偏灰、明暗对比不强的图像。如图 2-18 和图 2-19 所示分别为应用"自动对比度"命令校正前后的图像效果。

图 2-18

图 2-19

3 自动颜色

"自动颜色"命令允许自定义阴影和高光的修剪百分比，并为阴影、中间调和高光指定颜色值，适用于快速修正图像的自然色彩。如图 2-20 和图 2-21 所示分别为应用"自动颜色"调整前后的对比效果。

图 2-20

图 2-21

📖 **知识补充**

为了方便用户运用"自动调整"命令调整图像的颜色，Photoshop CC 设计了相应的键盘快捷键，其中"自动色调"命令的快捷键为 Shift+Ctrl+L，"自动对比度"命令的快捷键为 Shift+Ctrl+Alt+L，"自动颜色"命令的快捷键为 Shift+Ctrl+B。

2.2.2 更改图像尺寸大小

利用"图像大小"命令可以查看并更改图像的大小尺寸、分辨率和打印尺寸。执行"图像 > 图像大小"菜单命令，打开"图像大小"对话框。在对话框中进行更改设置时，只要更改了图像的尺寸，那么图像像素就会随之发生相应的改变。

1 预设

在"图像大小"对话框中可以使用"预设"下拉列表中的"预设的图像大小"快速更改当前图像大小。单击"预设"选项右侧的三角形按钮，在展开的下拉列表中即可看到软件预设的图像大小，如图 2-22 所示，在列

表中选择"960×640 像素 144ppi"选项，选择后，数值框下方的"宽度"和"高度"数值将自动进行调整，如图 2-23 所示。

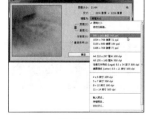

图 2-22

图 2-23

2 限制长宽比

在"画布大小"对话框中，利用"限制长宽比"功能可以选择是否维持图像的宽度、高度比例，并设置数值。默认情况下，"限制长宽比"图标为单击选中后的状态，此时更改图像大小时的图像的宽度和高度比例会被固定，而若单击"限制长宽比"图标，则会取消限制长宽比功能，此时可以单独设置宽度和高度，如图 2-24 所示。设置后图像不再按设定好的长宽比例调整其大小，图像会产生一定的变形，如图 2-25 所示。

图 2-24

图 2-25

📖 知识补充

在"图像大小"对话框中设置"像素大小"选项时，如果设置的像素大于原图像像素，则会扩大图像尺寸进而影响图像品质，使画面模糊或出现"像素块"。

2.2.3 设置画布大小

利用"画布大小"命令可扩大或缩小图像的显示和操作区域。当扩大画布区域时，可用选择好的画布的扩展颜色填充扩展的区域；当缩小画布区域时，会将超出画布区域的图像裁剪掉。

1 宽度和高度

在"画布大小"对话框中，输入"宽度"和"高度"值可直接调整画布大小。当输入的数字小于原始图像数值时，将会打开如图 2-26 所示的警示对话框，单击"继续"按钮将对图像进行裁剪，如图 2-27 所示。

寸的基础上延展或收缩指定的尺寸。例如，在高度和宽度文本框中输入数值，如图 2-28 所示，设置完后单击"确定"按钮，画布向外延展，图像周围将会添加指定颜色的边框，如图 2-29 所示。

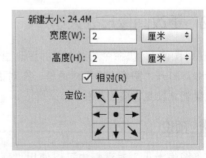

图 2-28

图 2-26

图 2-27

2 相对

勾选"相对"复选框，画布将会在原图像尺

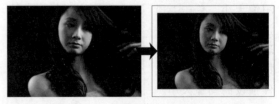

图 2-29

3 定位

"定位"选项用于设置画布延展或收缩的方向。在定位选项中单击右侧的"定位"按钮,如图 2-30 所示,则设置裁剪范围为图像左边。若在定位选项中单击左上角的"定位"按钮,则裁剪范围以右上角为起点,裁剪图像如图 2-31 所示。

图 2-30

4 扩展画布颜色

"画布扩展颜色"下拉列表用于设置画布扩展范围内的填充颜色。单击"黑色"选项,画布填充颜色为黑色。若单击选取"灰色"选项,如图 2-32 所示,画布填充颜色则为灰色,得到的图像效果如图 2-33 所示。

图 2-32

图 2-31

图 2-33

2.2.4 图像的旋转

对图像进行旋转操作时,图像会与画布一同旋转,使得整个画面中的内容都能显示出来。执行"图像 > 图像旋转"菜单命令,在打开的子菜单中可以选择图像的旋转角度,包括"180 度""90 度(顺时针)""90 度(逆时针)""任意角度""水平翻转画布""垂直翻转画布"等,执行这些命令能将图像按设定角度自动旋转。

图像的旋转操作有"角度"和"镜像"2 种方式,在"图像旋转"子菜单下执行"水平翻转"菜单命令,如图 2-34 所示,图像旋转前后对比如图 2-35 和图 2-36 所示。

图 2-34　　　　　　　图 2-35　　　　　　　图 2-36

📖 **知识补充**

结合工具箱中的"标尺工具"和"图像"菜单下的"任意角度"命令,可以对倾斜的画面进行校正。

2.3 对图像的常用编辑

利用"编辑"菜单中的命令可以对图像进行适当处理，编辑出各种所需效果。常用的图像编辑操作包括对图像进行剪切、复制、粘贴、变换与填充等。通过这些简单的操作可使图像内容更加丰富。

2.3.1 图像的剪切、复制与粘贴

"剪切"命令用于裁剪图像中的指定选区，剪切后的部分将以背景色填充；"拷贝"命令可以将选区中的图像复制到剪贴板中，同时图像内的原画面没有任何变化；"粘贴"命令是将用"剪切"和"拷贝"命令操作后复制的图像从剪贴板中粘贴出来。

1 剪切图像

对于图像的剪切操作，可以是对整个图像进行剪切操作，也可以是针对某一图层中某一选区内的图像进行剪切。使用选区工具在图像中选取要剪切的图像，如图 2-37 所示，执行"编辑 > 剪切"菜单命令，剪切图像，效果如图 2-38 所示。

图 2-39　　　　　　　图 2-40

3 复制图像

在创建选区的图像中，可以通过"拷贝"命令复制选区内的图像。执行"编辑 > 拷贝"菜单命令，就可以拷贝选区中的图像，与此同时，被拷贝后的原选区的图像不会受到影响。此时执行"粘贴"命令即可将拷贝的图像粘贴至新图层中，如图 2-41 所示，粘贴图像效果如图 2-42 所示。

图 2-37　　　　　　　图 2-38

2 粘贴图像

对图像进行剪切后，可以将剪切的图像粘贴至原图像或新图像中，执行"编辑 > 粘贴"菜单命令，如图 2-39 所示，即可将剪切的图像粘贴于图像上，如图 2-40 所示。

图 2-41　　　　　　　图 2-42

2.3.2 图像的变换操作

在 Photoshop CC 中，利用"变换"命令可以调整图像或路径的大小及形状等。在图像中选取需要变换的对象，执行"编辑 > 变换"菜单命令，在打开的菜单中即可选择缩放、旋转、透视、变形等多种变换命令。

图像的变换操作包括多种方式，如缩放、旋转等。在图像进行变换操作时，可以按下快捷键 Ctrl+T，打开变换编辑框，右击编辑框中的图像，在打开的快捷菜单中执行"变形"命令，如图 2-43 所示，变形前后的图像效果如图 2-44 和图 2-45 所示。

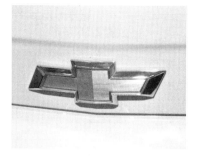

图 2-43　　　　　　　　　　图 2-44　　　　　　　　　　图 2-45

2.3.3　图像的填充设置

应用"填充"命令，可在选区内填充指定的颜色或者图案纹理，丰富画面内容。在图像中创建一个选区或选择一幅图像后，执行"编辑 > 填充"菜单命令，即可打开"填充"对话框，在对话框中可以选择填充内容，并为填充内容设置填充模式等。

1 指定填充内容

在"填充"对话框内的"内容"下拉列表中可以选择用于填充的内容，单击右侧的下拉按钮，在打开的列表中可看到"前景色""背景色""颜色""图案""黑色""50% 灰色"等选项。如图 2-46 所示，选取"图案"对图像进行填充，填充后的效果如图 2-47 所示。

图 2-46　　　　　　　图 2-47

2 设置混合

"混合"选项组中的"模式"选项可设置填充内容的混合模式，通过调整或在"不透明度"选项文字框中输入数值来控制填充颜色的不透明度。若填充时勾选"保留透明区域"复选框，则可以在图层的透明区域之外填充颜色，如图 2-48 和图 2-49 所示分别为设置成"正片叠底"和"滤色"混合模式后的图像效果。

图 2-48　　　　　　　　图 2-49

3 以不同透明度填充

在"填充"对话框中，设置"不透明度"可以调整填充的图像的不透明度，其参数值越小，填充的效果就越淡，如图 2-50 和图 2-51 所示为运用不同透明度填充图像后的对比效果。

图 2-50　　　　　　　　图 2-51

2.3.4　图像的描边设置

"描边"命令用于在选区外添加轮廓线。在图像中创建选区或在"图层"面板中选取需要描边的对象后，执行"编辑 > 描边"菜单命令，在打开的"描边"对话框中，用户可以指定描边线条的粗细、颜色、位置和不透明度等。

1 设置描边粗细

在"描边"对话框中，可以利用"宽度"选项来控制描边线条的粗细，可以输入范围为1-250像素之间的任意整数，输入的数值越大，产生的描边效果就越明显，如图2-52和图2-53所示分别为将描边"宽度"设置为"5"和"15"时小鸟图形的描边效果。

宽度(W)：5像素

宽度(W)：15像素

图 2-52   图 2-53

2 指定描边颜色

单击"描边"对话框中"颜色"后方的颜色块，将打开"拾色器（描边颜色）"对话框。在对话框中可选择任意颜色为图像进行描边，如图2-54所示，设置颜色后单击"确定"按钮，描边效果如图2-55所示。

图 2-54   图 2-55

3 调整描边位置

图像的描边位置，包括内部、居中和居外三种。选择"内部"时，将会在选区边缘的内部进行描边，如图2-56所示；选择"居中"时，将在选区边缘的中间描边；选择居外时则在选区边缘进行描边，如图2-57所示。

图 2-56   图 2-57

2.4   常用辅助工具

在对图像进行编辑的过程中，常常会使用到一些辅助工具来浏览图像效果。通过对画面中颜色的吸取以及计数处理，处理图像的过程会更加得心应手。Photoshop CC 中常用的辅助工具包括"缩放工具""抓手工具""吸管工具""计数工具"。这些工具都被安排在默认位于工作界面左侧的工具箱中。

2.4.1   缩放工具

运用"缩放工具" 🔍 可以在编辑图像的过程中对图像进行任意的放大或缩小设置，通过图像的缩放操作，可以更加清楚地查看设置后的图像，便于用户更加清晰地查看图像的整体效果或某个细节部分。

利用"缩放工具"缩放图像时，可以使用选项栏中的"放大" 🔍 或"缩小"按钮 🔍 来进行图像的缩放操作。打开一幅图像，如图2-58所示，选择"缩放工具"，分别放大或缩小图像后的对比效果如图2-59和图2-60所示。

图 2-58   图 2-59   图 2-60

2.4.2 抓手工具

"抓手工具" ![](可用来随意移动图像，调整图像的显示范围。使用 Photoshop 设计或处理图片时，如果设置的图像显示比例较大，图像就会超出屏幕，此时图像窗口右侧和底部会出现滚动条，拖动滚动条可以调整图像在窗口中的显示区域，但操作起来很不方便，使用"抓手工具"则会灵活很多。

打开一幅图像，如图 2-61 所示，执行"视图 >100%"菜单命令，如图 2-62 所示，将图像以实际像素大小进行显示。此时选择"抓手工具"后，将鼠标移至图像中，单击并拖曳即可移动图像，调整显示区域，如图 2-63 所示。

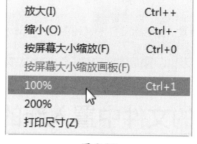

| 图 2-61 | 图 2-62 | 图 2-63 |

2.4.3 吸管工具

应用"吸管工具" ![](可以在"信息"面板中确认构成各个像素的颜色值。选择"吸管工具"后，在选项栏中的"取样大小"下拉列表框中可以设置所选颜色的平均值，通过"样式"选项可以设置吸管工具是否对所有图层或当前所选图层中的图像进行颜色取样。

如图 2-64 所示，打开一幅素材图像，选中"吸管工具"并将鼠标移至图像中，如图 2-65 所示。打开"信息"面板，在该面板中将会显示光标所在位置的详细信息，如图 2-66 所示。

| 图 2-64 | 图 2-65 | 图 2-66 |

2.4.4 计数工具

"计数工具" ![](主要用于记录图像处理中需要的一些信息，在画面中单击即可按数字顺序出现计数标记。在"吸管工具"的隐藏菜单中选择"计数工具"，在选项栏中可看到用于数字计数的选项，如查看计数个数和调整计数颜色等。

对于图像的计数操作，运用"计数工具"选项栏中的"计数组颜色"能够对计数标记颜色进行设置。单击颜色块打开"选取计数颜色"对话框，如图 2-67 所示，在对话框中设置颜色值后，在图像中计数前后的对比效果如图 2-68 和图 2-69 所示。

图 2-67

图 2-68

图 2-69

📖 知识补充

　　在"计数工具"选项栏中，通过"标记大小"和"标签大小"选项可调整计数标记和标签的大小，设置的数值越大，计数标记和标签就越明显。

实例 1　在打开的文件中置入新的图像

　　将图像置入到打开的文件中，通过调整置入图像的大小和位置，可让画面内容更加丰富。在置入图像后，还可以结合工具和菜单命令中的功能对置入图像做进一步调整，以适合整个画面效果。

原始文件：随书资源\素材\02\01.jpg
最终文件：随书资源\源文件\02\在打开文件中置入新的图像.psd

1 打开原始文件，如图 **2-70** 所示，选中"背景"图层，然后将该图层拖至"创建新图层"按钮 🔲，复制图层，得到"背景拷贝"图层，如图 **2-71** 所示。

3 执行"文件 > 置入嵌入的智能对象"菜单命令，在打开的"置入嵌入的智能对象"对话框中单击选择"**02.jpg**"图像，如图 **2-74** 所示，单击"置入"按钮，置入图像，创建智能图层，如图 **2-75** 所示。

图 2-70

图 2-71

图 2-74

图 2-75

2 执行"图像 > 自动颜色"菜单命令，如图 **2-72** 所示，快速校正图像颜色，效果如图 **2-73** 所示。

4 选择置入的图像，将鼠标移至角点位置，当光标变为双向箭头 ↔ 时，拖曳鼠标，如图 **2-76** 所示，缩小图像，确认缩放尺寸及位置后，按下 **Enter** 键，置入图像，如图 **2-77** 所示。

图 2-72

图 2-73

图 2-76

图 2-77

5 载入人物选区，如图 2-78 所示，创建"照片滤镜 1"调整图层，选择"加温滤镜（81）"，设置"浓度"为 36%，如图 2-79 所示。

图 2-78　　　　　　　　图 2-79

6 创建"色彩平衡 1"调整图层，选择色调为"中间调"，设置颜色值为 +20、-7、-33，如图 2-80 所示，返回至图像窗口中，根据设置的参数修饰人物图像的颜色，如图 2-81 所示。

图 2-80　　　　　　　　图 2-81

7 再次载入人物选区，新建"图层 1"图层，执行"编辑 > 描边"菜单命令，打开"描边"对话框，设置"宽度"为"10 像素"，颜色为白色，如图 2-82 所示，单击"确定"按钮，描边图像，如图 2-83 所示。

图 2-82　　　　　　　　图 2-83

8 选中"02"及其上方所有图层，按下快捷键 Ctrl+Alt+E，盖印选中图层，如图 2-84 所示。

图 2-84

9 双击盖印后的图层，打开"图层样式"对话框，在对话框中勾选"投影"复选框，设置"不透明度"为"37%"、"角度"为"148"、"距离"为"1"、"大小"为"18"，如图 2-85 所示，确认设置并为图像添加投影效果，如图 2-86 所示。

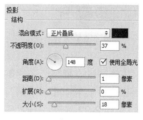

图 2-85　　　　　　　　图 2-86

▼ 技巧提示：复制图层

当需要复制图层时，也可以选中图层，再按快捷键 Ctrl+J。

10 复制"图层 1（合并）"图层，按下快捷键 Ctrl+T，调整图像角度，如图 2-87 所示，然后结合"画笔工具"和"横排文字工具"修饰整个画面，如图 2-88 所示。

图 2-87　　　　　　　　图 2-88

实例 2　**复制并变换图像**

本实例中，通过对不同图像的整体或部分进行复制，将多个图像合并到一幅图像中，结合"移动"和"变换"功能，组合成新的画面。

| 原始文件：随书资源 \ 素材 \02\03.jpg |
| 最终文件：随书资源 \ 源文件 \02\ Lab 复制并变换图像 .psd |

1 打开原始文件，单击工具箱中的"矩形选框工具"按钮，如图 2-89 所示，沿着人物脸部载入选区，如图 2-90 所示。

图 2-89　　　　图 2-90

2 执行"编辑 > 拷贝"菜单命令，复制选区内的图像，如图 2-91 所示。执行"编辑 > 粘贴"菜单命令，粘贴拷贝的图像，如图 2-92 所示，得到"图层 1"图层。

图 2-91　　　　图 2-92

3 单击"移动工具"按钮，移动粘贴后的图像，如图 2-93 所示。按下快捷键 Ctrl+T，打开自由变换工具，调整图像大小，如图 2-94 所示。

图 2-93　　　　图 2-94

4 单击"圆角矩形工具"按钮，在人物图像上方绘制一个稍小的白色圆角矩形，如图 2-95 所示。执行"图层 > 栅格化 > 形状"命令，栅格化"圆

角矩形 1"图层，并修改图层名为"图层 2"，将"图层 2"载入选区，如图 2-96 所示。

图 2-95　　　　图 2-96

5 隐藏"图层 2"图层，选中"图层 1"图层，单击"图层"面板中的"添加图层蒙版"按钮，添加图层蒙版，如图 2-97 所示，隐藏选区外的人物图像，如图 2-98 所示。

图 2-97　　　　图 2-98

▼ 技巧提示：快速载入选区

选中图层，执行"选择 > 载入选区"命令，即可将该图层载入至选区中。

6 双击"图层 1"图层，打开"图层样式"对话框，勾选"描边"复选框，设置颜色为白色，"大小"为 9，单击"确定"按钮，如图 2-99 所示。

图 2-99

7 执行"编辑 > 变换 > 旋转"菜单命令，此时图像中会出现一个变换编辑框，将鼠标移至编辑框右上角，当光标变为折线箭头↰时，拖曳鼠标，如图 2-100 所示，旋转图像，效果如图 2-101 所示。

图 2-100   图 2-101

8 在"图层"面板中选中"图层 1"图层，执行"图层 > 复制图层"菜单命令，复制图层，创建"图层 1 拷贝"图层，如图 2-102 所示，再调整图层中的图像位置，如图 2-103 所示。

图 2-102   图 2-103

9 执行"编辑 > 变换 > 旋转"菜单命令，如图 2-104 所示，将鼠标移至角点位置，当光标变为折线箭头时，拖曳鼠标，旋转图像，如图 2-105 所示。

图 2-104   图 2-105

10 单击工具箱中的"横排文字工具"按钮Ｔ，打开"字符"面板，在面板中调整属性，如图 2-106 所示，输入文字，如图 2-107 所示。

图 2-106   图 2-107

11 继续结合"横排文字工具"和"字符"面板，为画面添加些文字，如图 2-108 所示。

图 2-108

实例3　设置填充更改画面颜色

不同颜色会使图像展现出不同的效果。在 Photoshop CC 中，可以通过为图像填充颜色的方式，更改画面的整体颜色，使图像更有意境。

原始文件：随书资源 \ 素材 \02\04.jpg

最终文件：随书资源 \ 源文件 \04\ 设置填充更改画面颜色 .psd

1 打开原始文件，如图 2-109 所示，选择"背景"图层，执行"图层 > 复制图层"菜单命令，复制图层，如图 2-110 所示。

图 2-109　　　　　　　图 2-110

2 选择"背景拷贝"图层，设置混合模式为"正片叠底"、"不透明度"为 50%，如图 2-111 所示。设置后的效果如图 2-112 所示。

图 2-111　　　　　　　图 2-112

3 单击工具箱中的"设置前景色"按钮，打开"拾色器（前景色）"对话框，设置颜色值为 R53、G22、B95，如图 2-113 所示，新建图层，按下快捷键 Alt+Delete，填充图像，如图 2-114 所示。

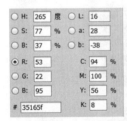

图 2-113　　　　　　　图 2-114

4 在"图层"面板中选择"图层 1"图层，设置图层混合模式为"颜色"、"不透明度"为 100%，如图 2-115 所示，变换画面的色调，效果如图 2-116 所示。

图 2-115　　　　　　　图 2-116

5 单击"图层"面板下方的"创建新的填充或调整图层"按钮，在弹出的列表中单击"曲线"选项，创建"曲线 1"调整图层。具体设置如图 2-117 所示。再新建"色阶 1"调整图层，选择"增加对比度 1"选项，具体设置如图 2-118 所示，增强对比效果。

图 2-117　　　　　　　图 2-118

▼ **技巧提示：自动校正图像**

单击"曲线"对话框中的"自动"按钮，可以快速校正图像的明暗。

6 单击工具箱中的"画笔工具"按钮，在"画笔预设"选取器中选择合适的画笔，如图 2-119 所示，新建图层，在画面中单击，添加文字，如图 2-120 所示。

图 2-119　　　　　　　图 2-120

实例4　裁剪图像重新构图

处理图像时常会对图像进行适当的裁剪，去掉多余的部分，让画面变得整洁，同时也能更好地突出主体对象。在 Photoshop 中，使用"裁剪工具"可以快速裁剪图像，更改画面的构图效果。

原始文件：随书资源 \ 素材 \02\05.jpg

最终文件：随书资源 \ 源文件 \02\ 裁剪图像重新构图 .psd

1 打开原始文件，单击工具箱中的"透视裁剪工具"按钮 ，如图 2-121 所示。在图像中单击并拖曳鼠标，绘制裁剪框，如图 2-122 所示。

•	⊨ 裁剪工具	C
	⊟ 透视裁剪工具	C
	∕ 切片工具	C
	∕ 切片选择工具	C

图 2-121　　　　　　　　图 2-122

2 右击裁剪框中的图像，在打开的快捷菜单中执行"裁剪"命令，如图 2-123 所示，裁剪图像，如图 2-124 所示。

图 2-123　　　　　　　　图 2-124

3 创建"自然饱和度 1"调整图层，在打开的"属性"面板中设置"自然饱和度"为"+35"、"饱和度"为"+18"，如图 2-125 所示，设置后的图像效果，如图 2-126 所示。

图 2-125　　　　　　　　图 2-126

2.5　本章小结

在学习使用 Photoshop CC 编辑与制作图像时，掌握基本的 Photoshop CC 操作技法是非常重要的。本章主要介绍了 Photoshop CC 的基本操作技法，包括文件的新建和打开、图像的基本调整、常用的图像编辑方法以及一些辅助工具的应用等。读者通过学习本章内容能够了解 Photoshop CC 的一些基础操作，并且可根据个人喜好运用所学知识进行一些较为简单的图像编辑。

2.6　思考与练习

1. 填空题

（1）在 Photoshop CC 中有 _____ 种存储图像的方法。

（2）使用"图像大小"命令可以更改图像的 _____、_____ 和 _____。

（3）对图像进行旋转变换时需要执行 _____ 命令。

（4）"缩放工具"选项栏中包括 _____ 和 _____ 按钮，单击 _____ 按钮，可以将图像放大显示，单击 _____ 按钮，可以将图像缩小显示。

（5）在使用"缩放"命令缩放图像时，需按住 _____ 键才能对图像进行等比例的缩放操作。

2. 问答题

（1）运用 Photoshop CC 如何对选区进行图案或是颜色的填充？

（2）使用"画布大小"是否可以裁剪图像？如果可以，具体方法是什么？

（3）如何对选区中的图像进行填充或描边？

（4）怎样快速校正偏色的图像？

3. 上机题

（1）打开随书资源 \ 上机题 \ 素材 \02\01.jpg，如图 2-127 所示，将打开的图像制作成立可拍效果的照片，如图 2-128 所示。

图 2-127

图 2-128

（2）通过置入图像合成商品展示图像，效果如图 2-129 所示。

（3）打开多张图像，将图像复制并调整其大小和位置，设计个人影集效果，如图 2-130 所示。

图 2-129

图 2-130

第3章

选区的创建和应用

选区用于指定 Photoshop CC 中各种功能和图像效果的作用范围，因此，准确地在图像中创建选区是非常重要的。Photoshop CC 提供了创建各种选区的工具，在创建选区后还可以利用菜单命令对选区进行编辑。

3.1 规则选区的创建

利用最基本的规则选区创建工具，可以快速地在图像上创建几何形状的选区，包括矩形、圆形、单行和单列选区等。在工具箱中单击即可选中用于创建规则选区的"矩形选框工具""椭圆选框工具""单行选框工具""单列选框工具"。

3.1.1 矩形选框工具

在 Photoshop 中利用选框工具可以创建规则的选区。单击工具箱中的"矩形选框工具"按钮▣，并按住鼠标不放，将会显示其他隐藏的选框工具，主要有"矩形选框工具""椭圆选框工具""单列选框工具""单列选框工具"，它们分别用于矩形选区、椭圆选区、单行或单列选区的创建。单击任意选框工具，将显示相应的工具选项栏。

1 绘制和添加选区

在选框工具选项栏中可以对绘制选区的方式进行设置，即新选区、添加到选区、从选区减去及与选区交叉。默认情况下，单击"新选区"按钮▣，可在图像中绘制一个新的选区，如图 3-1所示；单击"添加到选区"按钮▣，可将新绘制的选区与原选区相加，相加选区后的效果如图 3-2 所示。

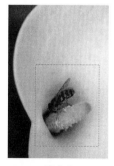

图 3-1

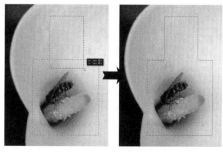

图 3-2

2 减去和交叉选区

单击"从选区减去"按钮▣，则可以在原选区中减去新选区部分，如图 3-3 所示；选择"与选区交叉"按钮▣后，可保留新选区和原选区的相交部分，创建交叉选区后的选区效果如图 3-4所示。

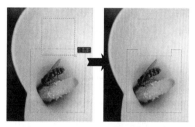

图 3-3

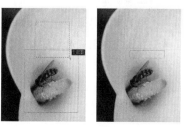

图 3-4

3 通过"羽化"选项调整选区

"羽化"选项是通过建立选区和选区周围的像素之间的转换来模糊边缘，通过输入数值来控制图像的羽化程度，参数越大羽化程度就越大，选区边缘就越模糊。设置的数值范围在 0 ~ 250 像素之间，且必须为整数。在默认情况下羽化值为 0 像素，此时不会产生羽化效果，分别将选区设置为"羽化"值为 30 像素和 80 像素后的对比效果如图 3-5 和图 3-6 所示。

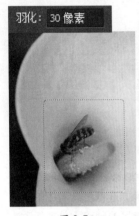
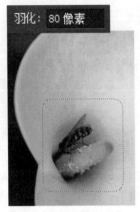

图 3-5　　　　　　　　图 3-6

4 选择不同的样式编辑选区

"样式"列表用于设置绘制选区的形状，在下拉列表中可以选择"正常""固定比例""固定大小"三种样式。"正常"为默认状态的样式，通过拖曳鼠标可以随意控制绘制选区的大小；选择"固定比例"样式后，在"宽度"和"高度"数值框中输入数值控制绘制选区的大小比例，如图 3-7 所示；选择"固定大小"样式后，通过输入"宽度"和"高度"值，可以绘制固定大小的

矩形选区，如图 3-8 所示。

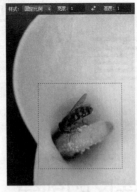
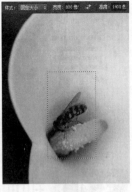

图 3-7　　　　　　　　图 3-8

5 调整选区边缘

"调整边缘"按钮用于调整选区边缘。创建选区后单击"调整边缘"按钮，即可打开"调整边缘"对话框，在对话框中可对选区的半径、羽化、对比度和平滑程度等进行设置。在图像中绘制一个矩形选区，单击"调整边缘"按钮，在打开的对话框中进行设置，如图 3-9 所示，设置后的效果如图 3-10 所示。

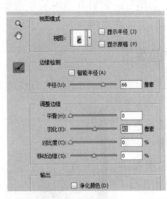
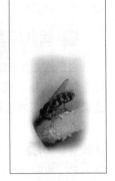

图 3-9　　　　　　　　图 3-10

3.1.2　椭圆选框工具

"椭圆选框工具"用于在图像或图层中创建圆形或椭圆形的选区。按住工具箱中的"矩形选框工具"按钮 ▣ 不放，然后在打开的隐藏工具中选择"椭圆选框工具"，通过在图像中单击并拖曳鼠标，即可绘制出需要的椭圆形选区。

"椭圆选框工具"选项栏中的"样式"选项可以调整选区的创建样式，如图 3-11 所示。选取"椭圆选框工具"并设置好工具选项后，在图像中绘制出选区，如图 3-12 和图 3-13 所示为选取不同样式绘制的选区效果。

图 3-11   图 3-12   图 3-13

3.1.3 单行 / 单列选框工具

"单行选框工具"可以在图像上创建一条 1 像素高的横线选区。"单列选框工具"可以在图像中创建一条 1 像素宽的竖线区域。选择工具箱中的"单列选框工具"或"单行选框工具",在图像中需要创建选区的位置单击即可创建单行或单列选区效果。在 Photoshop CC 中,可以将这两个工具结合起来使用,绘制规则的选区效果。

1 绘制单行选区

单击工具箱中的"单行选框工具"按钮，在图像中单击,创建一行选区,如图 3-14 所示。单击选项栏中的"添加到选区"按钮，连续在图像中单击,即可创建更多选区,如图 3-15 所示。

在图像中单击,创建一列选区,如图 3-16 所示,按下 Shift 键不放,连续在图像中单击,即可创建更多选区,如图 3-17 所示。

图 3-16   图 3-17

图 3-14   图 3-15

2 绘制单列选区

单击工具箱中的"单列选框工具"按钮，

📖知识补充

在图像上创建选区之前,可以先在工具选项栏中对"羽化"选项进行设置,设置后,所绘制的选区边缘会变得更柔和。

3.2 任意选区的选取

规则选框工具只能创建出简单的规则选区,当需要创建出复杂的、多变的选区时就需要应用不规则选区工具。使用不规则选区工具可以绘制出任意形状的选区，比如在人物照片中沿人物绘制选区、沿棱角分明的建筑物绘制选区等。Photoshop 提供了"套索工具""多边形套索工具""磁性套索工具""快速选择工具""魔棒工具"等不规则选区的创建工具，使用这些工具即可快速创建不规则选区。

3.2.1 套索工具

"套索工具"可以在图像或某个图层中自由地手动绘制出一个不规则的选区。在工具箱中单击"套索工具"按钮 ⚲，然后在需要选取的地方单击并按住鼠标沿对象边缘进行拖曳绘制，释放鼠标时，虚线的起点和终点会自动连接并形成一个封闭选区。

打开一幅素材图像，在工具箱中选中"套索工具"，然后在图像中单击并拖曳鼠标，如图 3-18 所示，即可创建选区。若单击选项栏中的"选取计算方式"按钮，则可以对选区进行添加或减去处理，创建的选区会更加符合设计要求，如图 3-19 所示。单击"添加到选区"按钮 ⬛ 创建的选区效果如图 3-20 所示。

图 3-18 图 3-19 图 3-20

3.2.2 多边形套索工具

多边形套索工具可以在图像或某个图层中手动创建多边形选区。在工具箱中单击"多边形套索工具"按钮 ⚲，用鼠标在需要选取的图像边缘连续单击绘制出一个多边形，双击鼠标闭合多边形并形成选区。

"多边形套索工具"主要针对棱角分明的多边形的对象进行选择。按住工具箱中的"套索工具"按钮 ⚲ 不放，在打开的隐藏工具中即可选中"多边形套索工具"，如图 3-21 所示。利用该工具创建选区的前后对比效果如图 3-22 和图 3-23 所示。

图 3-21 图 3-22 图 3-23

📖 知识补充

使用"多边形套索工具"在图像中创建选区时，若勾选选项栏中的"消除锯齿"复选框，则可以去除选区边缘的锯齿效果。

3.2.3 磁性套索工具

"磁性套索工具"能够快速选择边缘与背景色彩反差较大的图形，二者反差越大，选取的图像就越准确。单击工具箱中的"磁性套索工具"按钮 ，然后在需要被选取的对象的某一处上单击，沿对象边缘拖动鼠标即可自动创建带描点的路径，双击鼠标或在终点与起点重合的点上单击，就会自动创建一个闭合选区。

1 调整宽度拖曳选区

"宽度"选项用来检测选区的范围，即以当前光标所在的点为标准，在设置的范围内可以查找反差最大的边缘在哪里。设置的"宽度"值越小，创建的选区越精确，分别设置"宽度"为 10 像素和 100 像素时的对比效果如图 3-24 和图 3-25 所示。

2 使用"频率"选项更改锚点密度

"频率"选项用于设置生成锚点的密度。在拖曳鼠标时，图像会自动生成正方形的锚点，设置的值越大，在图像中生成的锚点就越多，选取的图像就越精确。如图 3-26 和图 3-27 所示分别为设置"频率"为"100"和"1"时拖曳出的路径效果。

图 3-24

图 3-25

图 3-26

图 3-27

3.2.4 快速选择工具

"快速选择工具"是以画笔的形式出现的，能够对不规则对象进行快速选择。在创建选区时，"快速选择工具"可根据选择对象的范围调整画笔的大小，从而更有利于准确地选取对象。单击工具箱中的"快速选择工具"按钮 ，显示对应的工具选项栏。

1 设置选取方式

"快速选择工具"选项栏中有"新选区""添加到选区""从选区中减去"三种不同的选取方式。默认情况下选择"新选区"方式。单击图像出现选区后，如图 3-28 所示，系统将会自动切换至"添加到选区"方式，并在画笔中间出现一个"+"号，此时单击图像可扩大选择范围，如图 3-29 所示；单击"从选区减去"按钮 ，在画笔中间会出现一个"-"号，此时在已创建的选区上单击就可减小选择范围，如图 3-30 所示。

图 3-29

图 3-30

图 3-28

2 调整画笔大小

单击画笔右侧的倒三角按钮可打开"画笔预设"选取器。在"画笔预设"选取器中可以调整画笔笔触大小、硬度、间距以及角度等。使用"快速选择工具"创建选区时，画笔的大小将决定选取范围的大小，设置参数值越大，所选择的范围

就越广，如图 3-31 和图 3-32 所示为分别设置画
笔"大小"为"60"和"185"时所创建的选区效果。

📖 知识补充

　　在图像中使用"快速选择工具"创建选
区时，可通过快捷键快速地放大或缩小画笔，
按下 [键将缩小画笔，按下] 键将放大画笔。

图 3-31　　　　　　　　　图 3-32

3.2.5　魔棒工具

　　"魔棒工具"可通过单击图片进而选中画面中色彩相似的区域，并可通过调整选择方式和容差值等
条件来控制选取范围的大小。此工具适用于对颜色较为单一的图像进行选取，图像内含颜色越单一，所
选取的对象范围就会越精确。

　　"魔棒工具"选项栏中的"容差"值大小直接决定了选择范围的大小，设置的"容差"值越大，选
取范围就越大。在工具箱中单击"魔棒工具"按钮，如图 3-33 所示，然后分别在选项栏中设置"容
差"值为"32"和"80"，单击图像创建选区，创建的选区范围的对比效果如图 3-34 和图 3-35 所示。

图 3-33　　　　　　　　　　图 3-34　　　　　　　　　　图 3-35

3.3　其他选区的创建方法

　　在 Photoshop 中不仅可以利用各种工具创建选区，也可以利用其他的方法创建选区，例如使用"色
彩范围"命令创建选区或使用快速蒙版创建精细的选区等。

3.3.1　色彩范围选取图像

　　运用"选择"菜单中的"色彩范围"命令，可根据图像中的某一特定颜色区域进行选择并创建选区。
执行"选择 > 色彩范围"菜单命令，打开"色彩范围"对话框，在对话框中可根据颜色区域进行选择，
并且还能通过调整更多选项实现更精确的选择图像区域。

1　选择预设范围

　　打开一张素材图像，如图 3-36 所示，执行"选择 > 色彩范围"命令，单击"色彩范围"对话框中
右侧的下三角按钮，在打开的下拉列表中选择需要的颜色，如红色、黄色、绿色等，选择"洋红"，如
图 3-37 所示，在图像中创建选区，选区范围效果如图 3-38 所示。

图 3-36　　　　　　　　图 3-37

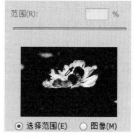

中减去"，使用这些工具可以在选区范围内添加或减去颜色，如图 3-41、图 3-42 和图 3-43 所示分别为单击上述 3 个按钮时，预览框中的选择范围。

图 3-41

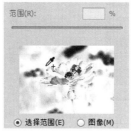

图 3-42　　　　　　　　图 3-43

图 3-38

2　颜色容差

选择"取样颜色"模式，通过调整"颜色容差"柔化选区边缘，设置的参数值越大，选择的颜色就越多，选区范围就越大，反之，参数越小，选取的颜色就越少，选区范围就越小，如图 3-39 和图 3-40 所示为设置不同容差时的选择范围效果展示。

4　选区预览

"选区预览"选项可以设置选区的预览方式，单击下拉按钮，在打开的下拉列表中可选择"无""灰度""黑色杂边""白色杂边""快速蒙版"等选项，如图 3-44、图 3-45 和图 3-46 所示为选择不同的预览方式时的图像效果。

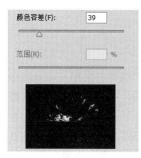

图 3-39　　　　　　　　图 3-40

3　吸管工具

在"色彩范围"对话框中共有 3 个吸管工具，分别为"吸管工具""添加到取样"和"从取样

图 3-44

图 3-45　　　　　　　　图 3-46

> 📖 **知识补充**
>
> 　　利用缩览图下方的"选择范围"和"图像"单选按钮，可以设置查看选区的方式，选择"选择范围"方式时，将以蒙版的方式查看选区，可以直接查看选区的范围；选择"图像"方式时，将直接查看原图像效果。

3.3.2　快速蒙版选取图像

　　利用快速蒙版可以在图像中的任意区域创建选区。在快速蒙版编辑模式下，用 Photoshop CC 所提供的绘图工具在图像上进行涂抹，被涂抹过的区域就会出现半透明的红色蒙版，退出蒙版后即可将蒙版外的区域创建为选区。

　　双击工具箱中的"以快速蒙版模式编辑"按钮，即可打开"快速蒙版选项"对话框，如图 3-47 所示，在对话框中可以对蒙版的色彩指示范围以及颜色进行设置，如图 3-48 所示为默认显示蒙版颜色为红色的效果，如图 3-49 所示为更改蒙版颜色为蓝色的效果。

图 3-47　　　　　　　　　图 3-48　　　　　　　　　图 3-49

3.4　对选区的编辑

　　在图像中创建选区后，还可以利用菜单命令对选区做进一步编辑与设置。Photoshop CC 对选区进行编辑主要通过"选择"菜单中的命令来完成，使用"选择"菜单中的命令可以完成选区的选择、修改、与存储等操作。

3.4.1　全选与取消选择

　　在编辑图像的过程中经常会使用"全选"和"取消选区"操作。通过执行"选择 > 全部"命令选中全部图像选区，可以创建与图像相同大小的选区，当完成对选区内图像的编辑后，执行"取消选择"命令，即可取消选区。

　　打开一张素材图像，执行"选择 > 全选"命令，如图 3-50 所示，选中全部图像，创建选区后的效果如图 3-51 所示；执行"选择 > 取消选择"命令，如图 3-52 所示，则取消选中对象，效果如图 3-53 所示。

图 3-50　　　　　　　　　图 3-51　　　　　　　　　图 3-52　　　　　　　　　图 3-53

3.4.2　反选选区

　　利用"反选"命令可以反转选区，即将原选区以外的部分创建为选区。在反选选区前，需要利用选区工具在画面中绘制一个选区，否则位于"选择"菜单下的"反选"命令将显示为灰色，不可使用。

打开素材图像，使用"套索工具"在画面中绘制选区，如图 3-54 所示。执行"选择 > 反选"菜单命令，如图 3-55 所示，执行命令后将选区进行反向选取，如图 3-56 所示。

图 3-54   图 3-55   图 3-56

3.4.3 修改选区

利用"修改"命令可以对选区进行修改，包括对选区边界进行修改、平滑选区、扩展选区和收缩选区等。创建选区后，执行"选择 > 修改"菜单命令，在打开的子菜单下即可选择相应的命令进行修改。

1 边界

"边界"命令用于设置选区的边界显示效果。如图 3-57 所示，在图像中运用选区工具创建选区，执行"选择 > 修改 > 边界"菜单命令，打开"边界选区"对话框，在对话框中指定边界宽度，如图 3-58 所示，设置后单击"确定"按钮，已有选区中就会添加边界效果，如图 3-59 所示。

图 3-57

图 3-58   图 3-59

2 平滑

运用"平滑"命令可将选区边缘变得柔和。在图像中创建选区后，执行"选择 > 修改 > 平滑"菜单命令，即可打开"平滑选区"对话框，在对话框中设置参数，如图 3-60 所示，平滑选区后效果如图 3-61 所示。

图 3-60   图 3-61

3 扩展与收缩

"扩展"命令用于对选区进行扩展操作，即放大选区。在图像中创建选区后，执行"选择 > 修改 > 扩展"菜单命令，即可打开"扩展选区"对话框，如图 3-62 所示，在对话框中设置参数，扩大选区，效果如图 3-63 所示。"收缩"命令与"扩展"命令相反，它主要用于对选区进行缩小设置，执行"选择 > 修改 > 收缩"菜单命令，打开"收缩选区"对话框，如图 3-64 所示，在对话框中设置参数，单击"确定"按钮，收缩选区后效果如图 3-65 所示。

图 3-62

图 3-64

图 3-63

图 3-65

4 羽化

"羽化"命令用于柔化选区边缘，使选区边缘显示出模糊效果，执行"选择 > 修改 > 羽化"菜单命令，即可打开"羽化选区"对话框，在对话框中设置"羽化半径"控制羽化范围。输入的"羽化半径"值越大，得到的选区边缘就越柔和，如图 3-66 所示，输入"羽化半径"值为 50，单击"确定"按钮，羽化选区，效果如图 3-67 所示。

图 3-66

图 3-67

3.4.4 选区的存储与载入

利用"载入选区"和"存储选区"命令，可以将创建的选区存储或载入至新图像中。执行"选择 > 存储选区"命令，可以将创建的选区加以存储，然后执行"选择 > 载入选区"命令，则可以将存储的选区重新载入新的图像中。

1 存储选区

在图像中创建一个选区，如图 3-68 所示，再执行"选择 > 存储选区"菜单命令，打开"存储选区"对话框，在对话框中指定选区的名称、通道等，如图 3-69 所示，设置完成后单击"确定"按钮存储选区。

2 载入选区

在"图层"面板中将需要载入选区的图层选中，执行"选择 > 载入选区"菜单命令，打开"载入选区"对话框，如图 3-70 所示，在对话框中根据选择的文档、图层，将该图层中的对象以选区方式载入，如图 3-71 所示。

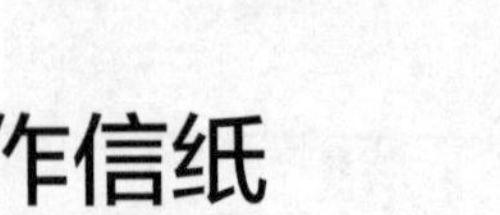

图 3-68

图 3-69

图 3-70

图 3-71

实例 1　选择规则图像制作信纸

在一张简单的图像上，通过设置规则选区，可以将画面中不同区域的图像选中。在 Photoshop CC 中，利用规则选区工具可以将图像打造为漂亮的信纸效果。

原始文件：随书资源 \ 素材 \03\01.jpg	
最终文件：随书资源 \ 源文件 \03\选取规则图像制作信纸 .psd	

1 打开原始文件，如图 3-72 所示。复制"背景"图层，设置图层混合模式为"正片叠底"，如图 3-73 所示。

图 3-72　　　　　　　图 3-73

2 为"背景拷贝"图层添加图层蒙版，选择"渐变工具"，在选项栏中选择"黑，白渐变"，然后在图像中从下往上拖曳鼠标，如图 3-74 所示，使画面层次更加分明，然后在图像窗口中查看效果，如图 3-75 所示。

图 3-74　　　　　　　图 3-75

3 单击"调整"面板中的"通道混合器"按钮，打开"属性"面板，在面板中选择"蓝"通道，设置颜色比为 -15%、+2%、+93%，如图 3-76 所示。

图 3-76

4 应用"通道混合器"选项，调整图像来修饰图像的色调，按下快捷键 Ctrl+Shift+Alt+E，盖

印所有可见图层，创建"图层 1"图层，如图 3-77 所示。

图 3-77

5 选择"矩形选框工具"，沿着图像边缘绘制选区，如图 3-78 所示，设置后单击选项栏中的"从选区减去"按钮，继续在已有选区内拖曳，减小选区范围，如图 3-79 所示。

图 3-78　　　　　　　图 3-79

6 新建"图层 2"图层，设置前景色为 R215、G213、B198，如图 3-80 所示，确保"图层 2"图层为选中状态，按下快捷键 Alt+Delete，为选区填充指定颜色，如图 3-81 所示。

图 3-80　　　　　　　图 3-81

7 双击"图层2"图层，打开"图层样式"对话框，勾选"纹理"复选框，然后在对话框右侧设置纹理选项，如图3-82所示，设置后单击"确定"按钮，为图层中的对象添加上纹理效果，如图3-83所示。

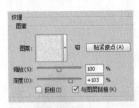

图 3-82　　　　　　图 3-83

8 在"图层"面板中选中"图层2"图层，设置图层混合模式为"变暗"、"不透明度"为50%，如图3-84所示，设置后的图像效果如图3-85所示。

图 3-84　　　　　　图 3-85

9 选择工具箱中的"单行选框工具"，在画面中单击，创建选区，如图3-86所示，按下Shift键不放，连续在图像中单击，绘制更多单行选区，效果如图3-87所示。

图 3-86　　　　　　图 3-87

10 在"图层"面板中新建"图层3"图层，设置前景色为R125、G100、B67，按下快捷键Alt+Delete，为选区填充颜色，如图3-88所示。

为选区填充颜色后，使用"橡皮擦工具"将多余线条擦除，擦除后的图像效果如图3-89所示。

图 3-88　　　　　　图 3-89

11 单击工具箱中的"设置前景色"按钮，打开"拾色器（前景色）"对话框，设置前景色为R231、G186、B118，如图3-90所示。选择"自定形状工具"，在工具栏中选择模式为"像素"，在"形状"拾色器中选择"花1"形状，如图3-91所示。

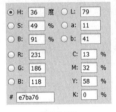

图 3-90　　　　　　图 3-91

12 新建"图层4"图层，如图3-92所示，使用"自定形状工具"在图像左上角绘制简单的花朵效果，如图3-93所示。

图 3-92　　　　　　图 3-93

13 新建"图层5"图层，设置图层"不透明度"为50%，如图3-94所示。继续绘制花朵图案，使用"横排文字工具"在图像中添加文字，修饰版面效果，如图3-95。

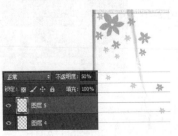

图 3-94　　　　　　图 3-95

实例2　抠取图像合成新画面

　　将图像从原有背景中抠取出来，再为其添加上合适的背景，可以呈现出全新的视觉效果。使用"快速选择工具"可以对画面中的部分图像进行选取，适合于简单合成各类图像。

　　原始文件：随书资源 \ 素材 \03\02.jpg、03.jpg

　　最终文件：随书资源 \ 源文件 \03\ 抠取图像合成新画面 .psd

1 打开原始文件"02.jpg"，使用"快速选择工具"狗狗图像创建选区，如图 3-96 所示。打开"羽化选区"对话框，设置参数，如图 3-97 所示。

图 3-96　　　　　　　　　　图 3-97

2 设置完羽化值后，在图像中查看羽化后的选区效果，如图 3-98 所示。

图 3-98

3 打开原始文件"03.jpg"，将小狗狗图像拖入新画面中，按下 Ctrl 键单击狗狗所在图层缩览图，载入选区，如图 3-99。执行"选择 > 修改 > 收缩"菜单命令，打开"收缩选区"对话框，输入"收缩量"为"1"，单击"确定"按钮，收缩选区，如图 3-100。

图 3-99　　　　　　　　　图 3-100

4 执行"图层 > 图层样式 > 投影"菜单命令，打开"图层样式"对话框，设置"不透明度"为 44%，"距离"为 5 像素，"大小"为 9 像素，如图 3-101 所示，单击"确定"按钮，为狗狗添加投影效果，如图 3-102 所示。

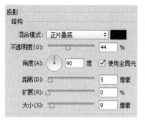

图 3-101　　　　　　　　图 3-102

5 在"图层"面板中选择"图层 1"图层，执行"图层 > 复制图层"菜单命令，得到"图层 1 拷贝"图层，如图 3-103 所示，复制后的效果如图 3-104 所示。

图 3-103　　　　　　　　图 3-104

▼ 技巧提示：复制图层

　　单击"图层"面板中的扩展按钮，在打开的面板菜单中执行"复制图层"命令，也可复制图层。

6 执行"滤镜 > 模糊 > 高斯模糊"菜单命令，打开"高斯模糊"对话框，设置"半径"为 2.0 像素，如图 3-105 所示。设置完成后单击"确定"按钮，模糊图像，效果如图 3-106 所示。

图 3-105　　　　　　　　图 3-106

7 选择工具箱中的"渐变工具",在选项栏中选择"前景色到透明渐变"选项,如图 3-107 所示。为"图层 1 拷贝"图层添加图层蒙版,使用"渐变工具"为图像添加渐变效果,如图 3-108 所示。

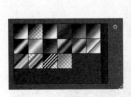

图 3-107   图 3-108

8 右击"图层 1 拷贝"图层下方的图层样式,在打开的快捷菜单下执行"创建图层"命令,如图 3-109 所示,将图层样式创建为一个新的图层,如图 3-110 所示。

图 3-109   图 3-110

▼ 技巧提示:隐藏图层样式

当在图层中添加多个图层样式时,可以单击该图层右侧的倒三角按钮,将添加的图层样式隐藏。

9 选中"'图层 1 拷贝'的投影"图层,按下快捷键 Ctrl+T,打开自由变换工具,如图 3-111 所示,右击编辑框中的图像,在打开的快捷菜单下执行"斜切"命令,如图 3-112 所示,调整投影。

图 3-111   图 3-112

10 创建"色彩平衡 1"调整图层,在打开的面板中选择"阴影"色调,设置颜色为 +15、0、-45,如图 3-113 所示,再选择"中间调"色调,设置颜色为 +44、0、-61,如图 3-114 所示。

图 3-113   图 3-114

11 继续设置"色彩平衡"选项,选择"高光"选项,设置颜色为 +45、0、-24,如图 3-115 所示,设置后在图像窗口中查看效果,如图 3-116 所示。

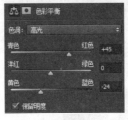

图 3-115   图 3-116

12 按下 Ctrl 键并单击"图层 1"图层缩览图,将该图层载入至选区中,单击"色彩平衡 1"图层蒙版缩览图,如图 3-117 所示,使用"画笔工具"在选区内涂抹,调整选区内的色彩平衡。新建"照片滤镜 1"调整图层,在打开的面板中选择"深蓝"滤镜,如图 3-118 所示,修饰画面颜色。

图 3-117   图 3-118

13 选择"椭圆选框工具",在选项栏中设置羽化值为 200 像素,在图像中绘制选区,选中"背景"图层,创建"曲线 1"调整图层,如图 3-119 所示,通过向下拖曳曲线,降低亮度,效果如图 3-120 所示。

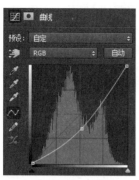

图 3-119

图 3-120

14 复制"曲线 1"调整图层，创建"曲线 1拷贝"图层，如图 3-121 所示，加深选区，选择工具箱中的"画笔工具"，选择合适的文字笔刷，然后在图像上方单击，添加文字，如图 3-122 所示。

图 3-121

图 3-122

实例3 给人物替换漂亮的背景

对多个图像进行组合，可表现出不同的意境效果。本实例利用"磁性套索工具"将单一背景中的人物抠取出来，然后添加至美丽的花海中，为人物替换背景效果。

原始文件：随书资源 \ 素材 \03\04.jpg、05.jpg

最终文件：随书资源 \ 源文件 \05\ 给人物替换漂亮的背景 .psd

1 打开原始文件"04.jpg"，单击工具箱中的"磁性套索工具"按钮，沿着人物轮廓拖曳鼠标，如图 3-123 所示，当终点与起点重合时，释放鼠标，创建选区，如图 3-124 所示。

图 3-123

图 3-124

▼ **技巧提示：调整对比度**

在"磁性套索工具"选项栏中，设置的对比度越高，所要求选区边缘与周围环境的反差就越大。

2 单击"从选区减去"按钮，继续在图像中拖曳鼠标，减少选区 ▣ ，如图 3-125 所示。

3 继续使用"磁性套索工具"创建精细的人物选区，如图 3-126 所示。

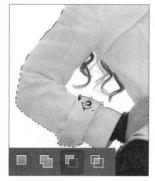

图 3-125

图 3-126

4 执行"选择 > 修改 > 羽化"菜单命令，打开"羽化选区"对话框，设置"羽化半径"为"1 像素"，如图 3-127 所示，单击"确定"按钮，羽化选区，按下快捷键 Ctrl+J，复制选区内的图像，如图 3-128 所示。

图 3-127

图 3-128

5 打开原始文件 "05.jpg"，如图 3-129 所示，将其拖至人物图像中，得到 "图层 2" 图层，将该图层缩览图拖曳至 "图层 1" 缩览图下方，如图 3-130 所示。

图 3-129　　　　　　图 3-130

6 在 "图层" 面板中选中 "图层 1" 图层，设置图层混合模式为 "正片叠底"，如图 3-131 所示，设置后的混合图像效果如图 3-132 所示。

图 3-131　　　　　　图 3-132

7 按下快捷键 Ctrl+J，复制 "图层 1" 图层，得到 "图层 1 拷贝" 图层，设置混合模式为 "正常"，如图 3-133 所示，设置后的效果如图 3-134 所示。

图 3-133　　　　　　图 3-134

8 为 "图层 1 拷贝" 图层添加图层蒙版，单击该图层的蒙版缩览图，如图 3-135 所示，选择图层蒙版，并设置前景色为黑色。选择 "画笔工具"，在发丝及裙边位置涂抹，如图 3-136 所示，通过反复的涂抹操作隐藏白色的背景区域。

图 3-135　　　　　　图 3-136

9 按下快捷键 Ctrl+J，复制 "图层 1 拷贝" 图层，删除蒙版，执行 "滤镜 > 模糊 > 高斯模糊" 菜单命令，设置 "半径" 为 3.0 像素，如图 3-137 所示。模糊图像后的效果如图 3-138 所示。

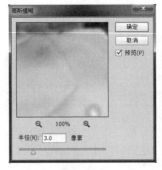 

图 3-137　　　　　　图 3-138

10 在 "图层" 面板中选择 "图层 1 拷贝" 图层，设置图层混合模式为 "滤色"、"不透明度" 为 20%，如图 3-139 所示，设置后的效果如图 3-140 所示。

图 3-139　　　　　　图 3-140

11 创建"亮度/对比度1"调整图层，在打开的"属性"面板中设置"亮度"为6、"对比度"为 -8，如图 3-141 所示，效果如图 3-142 所示。

12 创建"曲线1"调整图层，在打开的"属性"面板中单击并向下拖曳鼠标，如图 3-143 所示，降低图像的亮度，如图 3-144 所示。

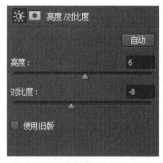
图 3-141

图 3-142

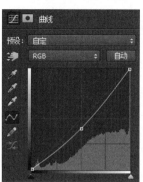
图 3-143

图 3-144

实例4　选取特定色彩区域并替换颜色

不同颜色可以表现出不同的视觉效果，在 Photoshop CC 中利用"色彩范围"命令可选择图像中某一块特定的颜色区域，结合"通道混合器"调整命令调整选区内的颜色，就可以变换特定区域的色彩。

原始文件：随书资源 \ 素材 \03\06.jpg

最终文件：随书资源 \ 源文件 \03\ 选取特定色彩区域替换颜色 .psd

1 打开原始文件，如图 3-145 所示，在"图层"面板中选择"背景"图层，复制图层，得到"背景拷贝"图层，如图 3-146 所示。

图 3-145

图 3-146

2 执行"选择 > 色彩范围"菜单命令，如图 3-147 所示，在打开的"色彩范围"对话框中设置"颜色容差"为 168，如图 3-148 所示。

图 3-147

图 3-148

3 使用"吸管工具"在图像中的绿色区域单击，进行颜色取样，如图 3-149 所示。然后单击对话框下方的"选择范围"单选按钮，查看选择范围，如图 3-150 所示，确认设置后单击"确定"按钮。

图 3-149

图 3-150

4 返回至图像中，得到复杂的选区，如图 3-151 所示，单击"图层"面板底部的"创建新的填充或调整图层"按钮，在打开的快捷菜单下执行"通道混合器"命令，如图 3-152 所示。

图 3-151

图 3-152

▼ 技巧提示：转换单色图像

　　勾选"通道混合器"选项下的"单色"复选框，可以将图像转换为单色调效果。

5 打开"属性"面板，在面板中选择输出通道为"红"通道，设置"颜色比"为 +200%、+120%、0%，如图 3-153 所示，选择输出通道为"蓝"通道，设置颜色比为 -42%、-16%、+100%，如图 3-154 所示。

6 创建"色阶 1"调整图层，在打开的"属性"面板中，单击"色阶"下拉按钮，在打开的列表中选择"增加对比度 1"选项，如图 3-155 所示，增强画面的对比效果，如图 3-156 所示。

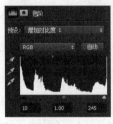 

图 3-155　　　　　图 3-156

图 3-153　　　　图 3-154

3.5 本章小结

　　使用 Photoshop CC 编辑图像时，大多数情况下都离不开"选取选区"操作。本章分别讲述了规则选区的创建、任意选区的创建以及选区的调整等基础知识，使读者了解 Photoshop 中的各种选区创建工具及其应用，通过在实例中对各种选区工具进行应用，可以让读者轻松掌握选区的创建与使用方法，并且鼓励读者活学活用，进行思维扩展，制作出更多更有创意的图像。

3.6 思考与练习

1. 填空题

　　（1）创建规则选区的工具有 _____、_____、_____ 和 _____。

　　（2）使用 _____ 命令可以快速地对已经创建的选区进行缩放、变形等操作。

　　（3）当使用"椭圆选框工具"绘制选区时，按下 _____ 键即可在画面中绘制出正圆形的选区。

2. 问答题

　　（1）选区的工作原理是什么？

　　（2）如果要选择的图像颜色反差较大，使用什么工具可以快速选择选区？

　　（3）为什么要对选区进行羽化？

3. 上机题

（1）打开随书资源 \ 上机题 \ 素材 \03\01.jpg，如图 3-157 所示，利用"色彩范围"命令在纯色的天空背景上添加云朵图像（随书资源 \ 上机题 \ 素材 \03\02.jpg），效果如图 3-158 所示。

图 3-157

图 3-158

（2）打开随书资源 \ 上机题 \ 素材 \03\03.jpg，如图 3-159 所示，应用"磁性套索工具"选择并抠取图像，通过调整选区为手提包替换背景（随书资源 \ 上机题 \ 素材 \03\04.jpg），效果如图 3-160 所示。

图 3-159

图 3-160

图像色彩的调整

调整色彩是 Photoshop CC 在图像处理上的重要一环，色彩效果直接影响图像整体效果的呈现。Photoshop 可以更改图像的颜色模式，也可以利用调整命令更改图像的亮度、色相、饱和度等，修正图像色彩或创作出具有艺术色彩的图像。

4.1　图像颜色模式的转换

图像的颜色模式是一种记录图像颜色的方式，在 Photoshop CC 中常用的图像颜色模式包括 RGB、CMYK、Lab、灰度和双色调颜色模式。不同的颜色模式有不同的表现形式，利用"模式"菜单中的命令可以转换图像的颜色模式，通过"通道"面板能够查看到不同颜色模式下的图像颜色信息。

4.1.1　认识常用颜色模式

在 Photoshop 中处理的图像通常都为 RGB 颜色模式，对打开的图像执行"图像 > 模式"菜单命令，在子菜单中可看到软件中支持的多种颜色模式，包括灰度、双色调、RGB 颜色、CMYK 颜色等颜色模式。下面对常用的颜色模式进行详细介绍。

1　灰度颜色模式

灰度颜色模式是以黑色、白色、灰色构成的，该模式下的图像没有彩色信息，编辑图像时有一定的局限性。将彩色照片转换为灰度模式，会丢掉色彩信息，转换为黑白效果，且不可恢复色彩信息。如图 4-1 所示为转换为灰度模式时的图像效果，此时在"通道"面板中只有"灰色"一个颜色通道，如图 4-2 所示。

图 4-1　　　　　　图 4-2

2　双色调颜色模式

双色调颜色模式可由 1 个到 4 个不同的颜色构成双色调效果，需要首先将图像模式转换为灰度模式才能启用双色调颜色模式。利用"双色调选项"对话框设置油墨颜色，让图像产生双色调

效果，对话框和图像效果如图 4-3 和图 4-4 所示。

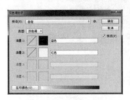

图 4-3　　　　　　图 4-4

3　RGB颜色模式

RGB 颜色模式是通过对红（R）、绿（G）、蓝（B）3 个颜色通道进行变化以及使其之间相互叠加从而显示出各式各样的颜色，是 Photoshop CC 中默认的图像颜色模式。打开一张 RGB 颜色模式的图像，如图 4-5 所示，在"通道"面板中即可查看到该颜色模式下的通道组成，如图 4-6 所示。

图 4-5　　　　　　图 4-6

4 CMYK颜色模式

CMYK 颜色模式由青色（C）、洋红（M）、黄色（Y）和黑色（K）构成，一般用于图像印刷输出的分色处理。在 Photoshop CC 中处理图像后，可将其转换为 CMYK 颜色模式进行印刷输出。打开一幅 CMYK 颜色模式的图像，如图 4-7 所示，在"通道"面板中可看到该模式下的颜色信息，如图 4-8 所示。

图 4-7   图 4-8

5 Lab颜色模式

Lab 颜色模式是由一个亮度分量（明度）和两个颜色分量（a 和 b）来表示的，分量 a 代表由绿色到红色的光谱变化，分量 b 代表由蓝色到黄色的光谱变化。它是在 Photoshop CC 中进行颜色模式转换时使用的中间模式。打开一张 Lab 颜色模式的图像，如图 4-9 所示，在"通道"面板中可查看到该模式下的通道组成，如图 4-10 所示。

图 4-9   图 4-10

4.1.2 转换图像颜色模式

模式菜单提供了 Photoshop CC 支持的所有图像颜色模式命令，并可查看到当前图像颜色模式，还能在不同颜色模式之间进行切换，用户只需要选择要转换的颜色模式名称即可。

1 查看图像颜色模式

打开一幅图像，如图 4-11 所示，执行"图像 > 模式"菜单命令，在打开的子菜单中可看到当前图像颜色模式，勾选"CMYK 颜色"，即颜色模式加深为 CMYK 颜色模式，如图 4-12 所示。

图 4-11   图 4-12

2 转换图像颜色模式

转换图像颜色模式时，在"模式"子菜单中单击选择"其他颜色模式"命令即可，例如执行

"图像 > 模式 > 灰度"菜单命令，如图 4-13 所示，即可将照片转换为灰度颜色模式，图片将会扔掉图像彩色信息，转换为灰度图像，如图 4-14 所示。

图 4-13   图 4-14

> 📖 **知识补充**
>
> 在模式菜单中，"位图""双色调""索引颜色"这三种模式为不可选状态，这是需要将照片转换为"灰度"模式后，才能启用的几个菜单命令。

4.2 色彩明暗的调整

Photoshop CC 中提供了多个用于调整图像色彩明暗的调整命令，可将原本灰暗的图像调整为更加清晰、明亮、对比强烈的视觉效果。这些色彩明暗调整命令包括"亮度 / 对比度""色阶""曲线""曝光度""阴影 / 高光"等。在"调整"菜单中即可选取这些命令，利用弹出的相应对话框即可对图像进行编辑调整。

4.2.1　亮度 / 对比度

　　"亮度 / 对比度"命令用于提高或降低图像的亮度和对比度，执行"图像 > 调整 > 亮度 / 对比度"菜单命令，在打开的"亮度 / 对比度"对话框中拖曳选项滑块即可更改图像的亮度和对比度，设置的参数值越大，图像的亮度越高、对比度越强烈。

　　打开一张画面较暗的图像，如图 4-15 所示，通过执行菜单命令，在"亮度 / 对比度"对话框中设置"亮度"为 55、"对比度"为 100，如图 4-16 所示，设置后单击"确定"按钮，图像将会变得明亮，效果如图 4-17 所示。

 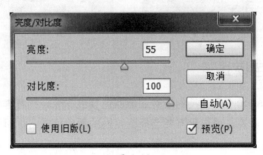 

图 4-15　　　　　　　　　　　　图 4-16　　　　　　　　　　　　图 4-17

4.2.2　色阶

　　"色阶"命令可通过修改图像的阴影区、中间调和高光区的亮度来调整图像的色调范围和色彩平衡。执行"图像 > 调整 > 色阶"菜单命令，在打开的"色阶"对话框中通过拖曳色阶滑块的位置或输入色阶值来对图像进行调整。

　　在"色阶"对话框中，黑色滑块用于控制阴影区，灰色滑块用于控制中间调区域，白色滑块用于控制高光区。如图 4-18 所示为对比度偏弱的素材图像，在"色阶"对话框中分别拖曳 3 个选项滑块至合适位置，如图 4-19 所示，拖曳后可看到照片色彩被提亮，同时增强了对比效果，如图 4-20 所示。

 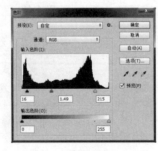 

图 4-18　　　　　　　　　　　　图 4-19　　　　　　　　　　　　图 4-20

4.2.3　曲线

　　"曲线"命令可以精确地调整图像的明暗度和色调，还可以编辑颜色通道并更改画面整体色调。执行"图像 > 调整 > 曲线"菜单命令，通过在打开的"曲线"对话框中更改曲线的形状来改变图像的明暗和色调效果。

1 提亮画面

在"曲线"对话框中,向上或向下拖曳曲线会使图像变亮或变暗。打开偏暗的素材图像,如图 4-21 所示,在曲线上单击并向上拖曳,如图 4-22 所示,设置后图像效果如图 4-23 所示。

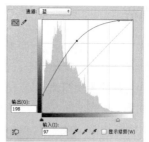

图 4-24   图 4-25

图 4-22

图 4-21   图 4-23

2 更改色调

在"曲线"对话框中,通过调整颜色通道,能够更改图像的色调。如图 4-24 所示,选择"蓝"通道,运用鼠标拖曳曲线,拖曳后在图像中可看到画面中的蓝色调被增强,效果如图 4-25 所示。

📖 **知识补充**

在"曲线"对话框中,可将曲线视作为三等分,如图 4-26 所示,右上方的 a 部分用于控制画面的亮调区域,中间 b 部分用于控制画面的中间调区域,左下方 c 部分用于控制画面的暗调区域。将曲线向上拖曳即可增加画面明亮程度,相反向下拖曳增强暗调效果,当需要增强画面明暗对比度时,可将控制亮调区域的曲线向上拖曳,将控制暗调区域的曲线向下拖曳。

图 4-26

4.2.4 曝光度

"曝光度"命令用于调整图像的曝光效果。在处理一些照片时,可看到照片常会因曝光不正确而出现画面过亮或过暗的情况,利用"曝光度"命令增加或减少曝光量,即可使画面恢复到正常曝光效果。执行"图像 > 调整 > 曝光度"菜单命令,在打开的"曝光度"对话框中设置曝光量、位移和灰度系数校正选项参数值,即可调整画面的明暗度。

打开曝光不足的图像,如图 4-27 所示,在"曝光度"对话框中设置曝光度选项,如图 4-28 所示,设置后即可将偏暗的图像变得明亮,如图 4-29 所示。

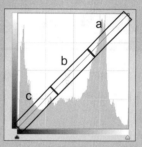

图 4-27   图 4-28   图 4-29

4.2.5 阴影 / 高光

通过"阴影 / 高光"命令可调整图像的阴影和高光部分，用于修复图像部分区域过亮或过暗的效果。执行"图像 > 调整 > 阴影 / 高光"菜单命令，在打开的"阴影 / 高光"对话框中，利用"阴影"选项调整图像的阴影部分，向左拖动滑块图像变暗，向右拖曳滑块图像变亮；利用"高光"选项调整图像的高光部分，向左拖曳滑块图像变亮，向右拖曳滑块图像变暗。

打开一张阴影部分偏暗的图像，如图 4-30 所示，在"阴影 / 高光"对话框中向右拖曳阴影中的"数量"滑块，提亮阴影，再向右拖曳高光中的"数量"滑块，降低高光亮度，如图 4-31 所示，设置后得到如图 4-32 所示的效果。

图 4-30

图 4-31

图 4-32

4.3 特殊色彩的调整

使用"调整"命令不仅可以调整图像的明暗、色彩，还可以对图像进行一些特殊色彩处理，制作特殊色调效果。用于调整特殊色彩的命令包括"反相""色调分离""阈值""黑白""去色""渐变映射"等。

4.3.1 反相图像

"反相"命令可以将图像颜色更改为它们的互补色，例如将白色变为黑色、黄色变为蓝色、红色变为青色等。通过对图像中的颜色进行反相处理，可制作出类似于图像转换为底片的特殊效果。

打开如图 4-33 所示的素材图像，执行"图像 > 调整 > 反相"菜单命令，可将图像反相设置，得到如图 4-34 所示的图像效果。

图 4-33

图 4-34

4.3.2 色调分离

"色调分离"命令可以设置每个通道中的色调与亮度值，并将这些像素映射为最接近的匹配色调。执行"图像 > 调整 > 色调分离"菜单命令，在打开的"色调分离"对话框中利用"色阶"选项调节图像的阴影效果，设置的"色阶"值越大，图像所表现出的形态与原图像越相似。

如图 4-35 所示为打开的素材图像，在"色调分离"对话框中将"色阶"值设置为 4，如图 4-36 所示，设置后得到如图 4-37 所示的图像效果。

图 4-35

图 4-36

图 4-37

4.3.3 去色与黑白

"去色"和"黑白"命令都可以将彩色图像转换为黑白图像，但是这两个命令也有不同。"去色"命令只能将图像中的色彩去除，转换的黑白图像依旧保持原图像的亮度，然后利用"黑白"命令的对话框中的选项对黑白亮度进行调整，调出对比强烈的黑白图像。

1 黑白

利用"黑白"命令调整图像时，执行"图像 > 调整 > 黑白"菜单命令，打开"黑白"对话框，对各个颜色所占有的百分比进行设置，如图 4-38 所示，设置后图像即被转换为黑白效果，转换前后效果如图 4-39 和图 4-40所示。

图 4-38

4-41 所示，即可去除图像中的颜色信息，效果如图 4-42 所示。

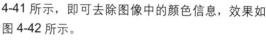

图 4-41

图 4-42

图 4-39

图 4-40

2 去色

"去色"命令可以快速打造黑白图像。在图像中执行"图像 > 调整 > 去色"菜单命令，如图

> **知识补充**
>
> 在"黑白"对话框中，利用"预设"选项下拉列表框中的选项可以选择多种色调模式，用户可根据需要自由选择。单击"预设"右侧的下拉按钮，在打开的下拉列表中即可查看多种预设，包括蓝色滤镜、较暗、红外线、中灰密度等 12 种预设效果，如图 4-43 所示。

图 4-43

4.3.4 渐变映射

"渐变映射"命令可以将一幅图像的最暗色调映射为一组最暗色调的渐变色，也可以将图像的最亮色调映射为一组最亮色调的渐变色，达到更改图像颜色的目的。执行"图像 > 调整 > 渐变映射"菜单命令，打开"渐变映射"对话框，在对话框中可以选择预设的渐变颜色调整图像，也可以通过"渐变编辑器"对话框重新定义任意的渐变颜色并应用到图像。

如图 4-44 所示为打开的原素材图像，在"渐变映射"对话框中单击"灰度映射所用的渐变"下拉按钮，在打开的列表中单击"紫，橙渐变"，如图 4-45 所示，设置后的图像效果如图 4-46 所示。

图 4-44　　　　　　　　　　图 4-45　　　　　　　　　　图 4-46

4.3.5 通道混合器

"通道混合器"可以通过增减单个通道颜色的方法来调整图像色彩，并对颜色通道之间的混合比例进行调整，还可以使用此命令设置出单色调的图像效果。执行"图像 > 调整 > 通道混合器"菜单命令，打开"通道混合器"对话框，在"源通道"选项中添加或减少颜色比例来进行图像色彩的调整。

对于特殊色彩的调整，可利用"通道混合器"对话框中源通道选项设置，调整通道中的红、绿、蓝三色的比例，设置的数值越大，该颜色的饱和度就越强。如图 4-47 所示为原图像效果，在"通道混合器"对话框中选择"蓝"通道，设置颜色比例值，如图 4-48 所示，得到的图像效果如图 4-49 所示。

图 4-47　　　　　　　　　　图 4-48　　　　　　　　　　图 4-49

4.3.6 阈值

"阈值"命令可以将图像转换为高对比度的黑白图像，此命令根据图像像素的亮度值将较亮的像素以白色表示，较暗的像素以黑色表示。执行"图像 > 调整 > 阈值"菜单命令，在打开的"阈值"对话框中通过调整"阈值色阶"选项控制画面效果，图像中所有比亮度值设置值小的像素将变为黑色，亮度值比设置值大的像素则变为白色。

打开一张素材图像，如图4-50所示，执行菜单命令打开"阈值"对话框，在对话框中设置"阈值色阶"值为171，如图4-51所示，设置后单击"确定"按钮，得到如图4-52所示的图像效果。

图 4-50

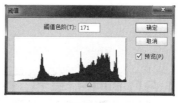
图 4-51

图 4-52

实例 1　更改模式制作双色调艺术效果

不同颜色模式的图像会展现不同的效果，为了展现出更具艺术感的效果，可将图像转换为双色调模式，通过设置双色调油墨颜色，更改图像的色彩效果，制作出更具艺术感的蓝色调图像。

原始文件：随书资源 \ 素材 \04\01.jpg	
最终文件：随书资源 \ 源文件 \04\ 更改模式制作双色调艺术效果 .psd	

1 打开原始文件，执行"图像 > 模式 > 灰度"菜单命令，在打开的"信息"对话框中单击"扔掉"按钮，如图4-53所示，扔掉图像颜色信息，转换为黑白效果，如图4-54所示。

图 4-53　　　　　　图 4-54

2 执行"图像 > 模式 > 双色调"菜单命令，如图4-55所示，将图像转换为双色调颜色模式。

3 在打开的"双色调选项"对话框中，单击类型选项下拉按钮，在打开的下拉列表中选择"三色调"选项，然后在"油墨1"选项后单击黑色色块，如图4-56所示。

　　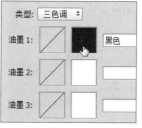

图 4-55　　　　　　图 4-56

4 单击"油墨1"选项后的黑色色块后，打开"拾色器（墨水 1 颜色）"对话框，在对话框中设置油墨1颜色为深蓝色，具体值为R15、G2、B134，如图4-57所示，设置油墨2颜色为R255、G232、B170，输入油墨名为"黄色"，设置油墨3颜色为R229、G221、B255，输入油墨名为"浅紫"，如图4-58所示。

　　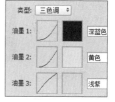

图 4-57　　　　　　图 4-58

5 确认"双色调选项"对话框设置后，在图像窗口中可看到画面转换为双色调的效果，如图4-59所示，按下快捷键 Ctrl+J，复制图层，得到"图层 1"，如图4-60所示。

图 4-59　　　　　　图 4-60

6 在"图层"面板中设置"图层 1"的图层混合模式为"叠加"，并降低"不透明度"至 90%，如图 4-61 所示，设置图层属性后，在画面中可看到整体亮度被提高，图像展现出更具艺术感的双色调效果，如图 4-62 所示。

图 4-61 图 4-62

实例2 Lab 颜色模式下打造时尚阿宝色

在更改图像颜色模式时，可对画面色调进行改变，让图像展现出更美丽的色彩效果。在 Lab 模式下对颜色通道进行编辑，可快速打造出甜美的阿宝色，让画面中人物皮肤变得红润、靓丽，增强图像的整体效果，提升画面品质。

原始文件：随书资源 \ 素材 \04\02.jpg

最终文件：随书资源 \ 源文件 \04\ Lab 颜色模式下打造时尚阿宝色 .psd

1 打开原始文件，执行"图像 > 模式 >Lab 颜色"菜单命令，如图 4-63 所示，转换颜色模式。复制"背景"图层，得到"背景拷贝"图层，如图 4-64 所示。

图 4-63 图 4-64

2 打开"通道"面板，在面板中单击选择 a 通道，如图 4-65 所示，按下快捷键 Ctrl+A、Ctrl+C 全选图像并复制选区内的图像，如图 4-66 所示。

图 4-65 图 4-66

3 在"通道"面板中单击选择 b 通道，如图 4-67 所示，按下快捷键 Ctrl+V，粘贴上一步骤中复制的图像，然后单击 Lab 复合通道，显示全部颜色通道，返回原图像中，可查看到人物图像更改了色调效果，如图 4-68 所示。

图 4-67 图 4-68

4 执行"图像 > 调整 > 色阶"菜单命令，打开"色阶"对话框，选择通道为 b，拖曳下方滑块或输入色阶灰色滑块数值至 0.95，如图 4-69 所示，确认设置后画面将会增强蓝色调，如图 4-70 所示。

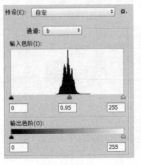

图 4-69 图 4-70

5 执行"图像 > 模式 > RGB 颜色"菜单命令，将图像转换为 RGB 颜色模式，然后执行"图像 > 调整 > 自然饱和度"菜单命令，在打开的"自然饱和度"对话框中设置"自然饱和度"为 70，如图 4-71 所示，设置后画面色彩饱和度将提高，效果如图 4-72 所示。

图 4-71   图 4-72

6 再次执行"图像 > 调整 > 色阶"菜单命令，打开"色阶"对话框，使用鼠标在输入色阶下方的滑块上拖曳，拖曳位置依次至 18、1.30、248，如图 4-73 所示，提亮后的图像效果如图 4-74 所示。

图 4-73   图 4-74

7 执行"图像 > 调整 > 色彩平衡"菜单命令，在打开的对话框中将"色阶"设置为 +10、0、+10，如图 4-75 所示，确认设置后调整画面颜色。

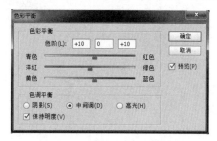

图 4-75

8 执行"滤镜 > 渲染 > 镜头光晕"菜单命令，在对话框中设置光晕亮度、类型，如图 4-76 所示，设置后单击"确定"按钮，为画面添加光晕效果，如图 4-77 所示。

图 4-76   图 4-77

▼ 技巧提示：快速打开"色阶"对话框

为了快速打开"色阶"对话框，可按下快捷键 Ctrl+L。

实例 3 打造色彩饱满的图像效果

色彩暗淡的画面难以给人带来视觉上的美感，这就需要提高画面的色彩饱和度，利用 Photoshop 中的调色命令，可快速提高整体或某一种色彩的饱和度，恢复饱满的色彩，使画面变得更有吸引力。

原始文件：随书资源 \ 素材 \04\03.jpg
最终文件：随书资源 \ 源文件 \04\ 打造色彩饱满的图像效果 .psd

1 打开原始文件，按下快捷键 Ctrl+J，复制图层，得到"图层 1"，如图 4-78 所示。

2 执行"图像 > 调整 > 色彩平衡"菜单命令，打开"色彩平衡"对话框，设置"中间调"色阶为 +26、0、+26，如图 4-79 所示，设置后单击"确定"按钮。

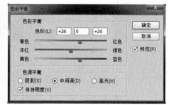

图 4-78   图 4-79

3 设置"色彩平衡"命令后，可看到调整整体画面色调后的效果，如图 4-80 所示。

图 4-80

4 在"图层"面板下方单击"添加图层蒙版"按钮 ，为"图层 1"添加图层蒙版，如图 4-81 所示。选择"渐变工具"，在选项栏中选择"黑，白渐变"，并反向渐变颜色，使用该工具在画面中的天空部分单击并向下拖曳渐变，填充蒙版遮盖图像下部分，效果如图 4-82 所示。

图 4-81

图 4-82

5 在"图层"面板中单击"添加新的填充或调整图层"按钮 ，在打开的菜单中选择"色相/饱和度"命令，如图 4-83 所示，创建新的"色相/饱和度 1"调整图层。

6 在"属性"面板中拖曳饱和度选项滑块或直接在选项文本框后输入数值+25，如图 4-84 所示。

图 4-83

图 4-84

7 在"色相/饱和度"选项中继续进行设置，选择颜色为"黄"，设置"饱和度"为"+25"，

如图 4-85 所示，然后选择颜色为"蓝色"，设置"饱和度"为"+10"，如图 4-86 所示。

图 4-85

图 4-86

8 设置调整图层后，在图像窗口中可看到增强色彩饱和度后的画面效果，如图 4-87 所示。

图 4-87

9 在"图层"面板中再创建一个"亮度/对比度 1"调整图层，在设置选项中将"亮度"设置为"-5"，"对比度"设置为 30，如图 4-88 所示。创建"自然饱和度 1"调整图层，设置"自然饱和度"为 +50，如图 4-89 所示。

图 4-88

图 4-89

10 设置后返回图像窗口，可看到色彩饱满、对比度强烈的画面效果，如图 4-90 所示。

图 4-90

实例4 恢复画面正常曝光效果

当图像曝光不足时，图像会显得偏暗，不能清楚地展现图像的细节与层次。利用 Photoshop CC 的曝光度调整功能，可以通过增加曝光度来调整偏暗的图像，恢复画面的明亮度，然后再对细节部分进行修饰处理，展现出一幅正常曝光下的完美画面。

原始文件：随书资源 \ 素材 \04\04.jpg

最终文件：随书资源 \ 源文件 \04\ 恢复画面正常曝光效果 .psd

1 打开原始文件，按下快捷键 Ctrl+J，复制图像，得到"图层 1"，执行"图像 > 调整 > 曝光度"菜单命令，在打开的对话框中设置选项参数，如图4-91 所示，确认设置后可看到图像被提亮的效果，如图 4-92 所示。

图 4-91 　　　　　　图 4-92

2 提高图像曝光度后，打开"通道"面板，按住Ctrl 键的同时单击 RGB 通道缩览图，如图 4-93所示，将通道载入选区，在图像窗口中可看到画面中加载的高光调区域为选区，如图 4-94 所示。

图 4-93 　　　　　　图 4-94

▼ 技巧提示：加载通道选区

单击"通道"面板下方的"将通道加载为选区"按钮 ，也可加载通道为选区。

3 按下快捷键 Ctrl+J 复制选区内图像为新的图层，在"图层"面板中可看到因复制选区而得到的"图层 2"，设置其图层混合模式为"滤色"，如图 4-95 所示，设置后在图像窗口中可看到增强高光调的效果，画面变得更明亮，如图 4-96 所示。

图 4-95 　　　　　　图 4-96

4 按下快捷键 Shift+Ctrl+Alt+E，盖印可见图层，得到"图层 3"图层，执行"图像 > 调整 > 可选颜色"菜单命令，在打开的"可选颜色"对话框中单击"颜色"选项右侧的下拉列表中的 "黄色"选项，然后设置下方选项参数依次为 -40、+25、+40、+20，如图 4-97 所示，然后选择颜色为"蓝色"，设置选项参数依次为 +20、+40、0、-10，如图 4-98所示。

图 4-97 　　　　　　图 4-98

5 在"可选颜色"对话框中选择颜色为"白色"并设置选项参数依次为 0、0、-11、-40，如图4-99 所示，然后确认设置，在图像窗口中可看到画面展现出的色彩明艳的效果，如图 4-100 所示。

图 4-99 　　　　　　图 4-100

实例 5　校正偏色的图像

　　偏色是很多图像都会遇到的问题，如果图像色彩出现偏差，画面效果会大打折扣，此时，就需要通过调整图像并平衡画面各部分色彩来对图像的颜色加以还原。再调整一下图像的明暗效果，就可呈现出一幅色彩更加美丽的图像。

原始文件：随书资源 \ 素材 \04\05.jpg

最终文件：随书资源 \ 源文件 \04\ 校正偏色的图像 .psd

1 打开原始文件，复制图层得到"图层1"，执行"图像 > 调整 > 色彩平衡"菜单命令，在打开的对话框中将中间调"色阶"依次设置为 -10、0、+40，如图 4-101所示，设置后单击"确定"按钮。

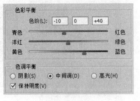

图 4-101

2 在图像窗口中可看到去除了偏黄效果后的图像，如图 4-102所示。

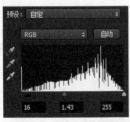

图 4-102

3 执行"图层 > 新建调整图层 > 色阶"菜单命令，新建"色阶 1"调整图层，在"属性"面板中对"色阶"选项进行设置，拖曳滑块依次到 16、1.43、255 位置，如图 4-103 所示，然后选择通道为"红"，拖曳各滑块依次到 19、1.21、255 位置，如图 4-104所示。

图 4-103　　　　　图 4-104

4 选择颜色通道为"蓝"，拖曳滑块依次到16、1.25、248 位置，如图 4-105 所示，设置"色阶"调整图层后，在图像中可看到校正了偏色色彩并提亮了画面的效果，如图 4-106 所示。

图 4-105　　　　　图 4-106

5 按下快捷键 Shift+Ctrl+Alt+E，盖印可见图层，得到"图层 2"图层，在"图层"面板中可看到盖印图层，如图 4-107 所示。

6 选择"椭圆选框工具"后在其选项栏中设置羽化选项为"100 像素"，在清晰的小动物上拖曳，绘制一个椭圆选区，如图 4-108 所示。

图 4-107　　　　　图 4-108

7 按下快捷键 Ctrl+J，复制选区内图像得到"图层 3"，设置图层混合模式为"滤色"、"不透明度"为 30%，如图 4-109 所示，设置后将提亮主体动物，效果如图 4-110 所示。

图 4-109　　　　　图 4-110

8 创建"选取颜色1"调整图层，在"属性"面板中对"可选颜色"选项进行设置，并选择"黄色"，下方选项参数依次设置为 -15、0、+10、+20，如图 4-111 所示，再选择"白色"，下方选项参数依次设置为 +35、0、-29、-30，如图 4-112 所示。

9 设置后返回图像窗口，设置"可选颜色"选项可调整图像颜色，让画面色彩变得更自然，效果如图 4-113 所示。

图 4-111   图 4-112

图 4-113

实例 6 打造亮丽的 HDR 色调效果

HDR 效果可将图像的暗调和高光部分的细节都清晰展现，并以高饱和度的色彩让画面呈现惊艳的效果。在 Photoshop CC 中，可利用"HDR 色调"命令将图像快速制作成 HDR 色调效果，再对画面细节部分的明暗度进行一些修饰，锐化画面，打造出一幅亮丽的 HDR 图像。

原始文件：随书资源 \ 素材 \04\06.jpg
最终文件：随书资源 \ 源文件 \04\ 打造亮丽的 HDR 色调效果 .psd

1 打开原始文件，执行"图像 > 调整 >HDR 色调"菜单命令，在预设下拉列表中选择"平滑"选项，如图 4-114 所示。

2 单击"确定"按钮，在图像窗口中可看到画面整体变得明亮，色彩变得艳丽，如图 4-115 所示。

图 4-116   图 4-117

4 在"属性"面板中设置"色阶"选项，使用鼠标拖曳下方滑块依次到 5、0.71、246 位置，如图 4-118 所示，设置后的图像亮度明显提高，效果如图 4-119 所示。

图 4-114   图 4-115

3 单击"调整"面板中的"色阶"按钮，如图 4-116 所示，在"图层"面板中创建"色阶 1"调整图层，如图 4-117 所示。

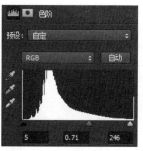

图 4-118   图 4-119

5 选择"渐变工具",单击选项栏中渐变条后的下拉按钮,打开"渐变"拾色器,选择白色到黑色的渐变色,如图 4-120 所示。

6 使用"渐变工具"在图像中下方单击并垂直向上拖曳,填充并调整图层蒙版,利用蒙版遮盖图像上方的提亮效果,在"图层"面板中可看到编辑后的调整图层蒙版效果,黑色为遮盖区域,如图 4-121 所示。

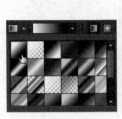

图 4-120　　　　图 4-121

7 盖印可见图层,得到"图层 1"图层,执行"滤镜 > 其他 > 高反差保留"菜单命令,在打开的"高反差保留"对话框中设置"半径"为 10 像素,如图 4-122 所示,单击"确定"按钮。在"图层"面板中更改"图层 1"的图层混合模式为"叠加"、"不透

明度"为 50%,如图 4-123 所示。

图 4-122　　　　　　图 4-123

8 创建"亮度 / 对比度 1"调整图层,设置"亮度"为 -10、"对比度"为 70,如图 4-124 所示。经过设置可增强画面对比度,效果如图 4-125 所示。

图 4-124　　　　　　图 4-125

▼ **技巧提示:快速设置渐变色**

默认情况下"渐变工具"的渐变色以"前景色"和"背景色"显示,按下 D 键可恢复默认"前景色"和"背景色",同时渐变色也快速恢复为黑白色。

实例7　制作经典黑白图像

用无色彩的黑色、白色、灰色表现出的图像可诠释出另一种意境效果。在 Photoshop CC 中可以通过调整图像的色彩从而将彩色图像转换成经典的黑白效果。

原始文件:随书资源 \ 素材 \04\07.jpg
最终文件:随书资源 \ 源文件 \04\ 制作经典黑白图像 .psd

1 打开原始文件,执行"图像 > 调整 > 黑白"菜单命令,在打开的对话框中对各选项参数进行设置,如图 4-126 所示。

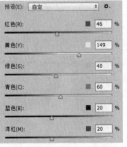

图 4-126

2 确认"黑白"对话框选项设置后,返回图像窗口,可看到照片已去除了彩色效果,并更改为黑白色,如图 4-127 所示。

图 4-127

3 选择"椭圆选框工具",并在其选项栏中设置
羽化值为 100,在图像中的人物及汽车区域拖
曳,绘制一个椭圆选区,如图 4-128 所示,然后按
下快捷键 Ctrl+J 复制图像,得到"图层 1",如图 4-129
所示。

图 4-128 　　　　　　图 4-129

4 执行"图像 > 调整 > 色阶"菜单命令,或按下
快捷键 Ctrl+L,打开"色阶"对话框,在对话
框中拖曳各滑块依次到 7、1.66、250 位置,如图 4-130
所示,设置后可看到人物区域被提亮,效果如图 4-131
所示。

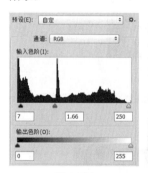 

图 4-130 　　　　　　图 4-131

5 盖印图层得到"图层 2",执行"滤镜 > 模
糊 > 高斯模糊"菜单命令,打开"高斯模糊"
对话框,设置半径为 2 像素,如图 4-132 所示,模
糊图像。

6 模糊图像后,在"图层"面板中设置"图层 2"
的图层混合模式为"柔光"、"不透明度"为
40%,如图 4-133 所示。

图 4-132 　　　　　　图 4-133

7 执行"图像 > 调整 > 亮度 / 对比度"菜单命令,
打开"亮度 / 对比度"对话框,设置"亮度"为 -10,
"对比度"为 60,如图 4-134 所示,确认设置后可
看到增强了对比度的画面效果,如图 4-135 所示。

图 4-134 　　　　　　图 4-135

4.4 本章小结

掌握 Photoshop CC 中的调整命令,可以快速变换图像的影调,使调整后的图像更符合用户需求。本章主要讲述了常用的颜色模式、颜色模式的转换、图像明暗和色彩的调整等基础知识,使读者了解不同颜色模式的特点与转换方式,并且掌握多种调整图像明暗和色彩的调整命令,通过对实例图像进行调整与编辑设置,得到不同的图像效果。

4.5 思考与练习

1. 填空题

(1)CMYK 模式中的 C、M、Y、K 分别表示 _____、_____、_____ 和 _____。

（2）Photoshop CC 除了可以创建双色调图像，还可以创建 _____ 和 _____。

（3）_____ 即是代表红、绿、蓝三个通道的颜色。

（4）应用"通道混合器"命令调整图像时，可以勾选 _____ 复选框，将图像转换为单色调效果。

2. 问答题

（1）使用调整命令与调整图层调整图像颜色时，它们最大的区别在哪里？

（2）Photoshop CC 中常见的转换黑白图像的方法有哪些？选择哪种方法更合适？

（3）"双色调"对话框中的"压印颜色"选项有什么作用？

3. 上机题

（1）打开随书资源 \ 上机题 \ 素材 \04\01.jpg，如图 4-136 所示，通过调整颜色将图像转换为复古黄色调，效果如图 4-137 所示。

图 4-136 图 4-137

（2）打开随书资源 \ 上机题 \ 素材 \04\02.jpg，如图 4-138 所示，利用调整图层为打开的黑白图像进行上色，上色后的图像效果如图 4-139 所示。

图 4-138 图 4-139

（3）打开随书资源 \ 上机题 \ 素材 \04\03.jpg，如图 4-140 所示，结合多个调整图层对图像的颜色进行修饰，打造小清新的黄绿色调图像，效果如图 4-141 所示。

图 4-140 图 4-141

第 5 章

Photoshop CC 的绘图功能

绘图是 Photoshop CC 中一个最常用的功能。通过使用各种图像绘制工具，用户能轻松绘制任意图案，再选择各种色彩进行填充，可以让绘制的图案表现出不同的色彩效果。

5.1 通过绘制填充颜色

在运用 Photoshop CC 时，可以通过设置前景色和背景色的方法来填充图层或选区，也可利用工具箱中的其他工具对图像进行填充，如"油漆桶工具"和"渐变工具"，使用这些工具能够在图像中填充任意的渐变颜色或者图案效果。

5.1.1 设置前景色和背景色

在填充图像之前，在工具箱中设置前景色和背景色是非常必要的，设置后可以将前景色和背景色直接填充到图层或选区中。前景色和背景色的设置是通过工具箱进行的，单击其中的"设置前景色"色块和"设置背景色"色块，即可打开相应的拾色器，对颜色进行任意选择。

在工具箱中可以直接查看到当前设置的前景色和背景色，单击"切换前景色和背景色"按钮，可进行前景色与背景色的切换，如图 5-1 所示；若单击"设置前景色"按钮或"设置背景色"按钮，则会打开"拾色器（前景色）"或"拾色器（背景色）"对话框，如图 5-2 和图 5-3 所示。

图 5-1   图 5-2   图 5-3

利用"颜色"面板同样可以设置前景色和背景色，在面板中可通过拖曳各颜色滑块，进行颜色设置。设置完毕后，在工具箱中可以看到前景色或背景色被更改为新的颜色。执行"窗口 > 颜色"菜单命令，即可打开"颜色"面板。在"颜色"面板中除了拖曳滑块位置设置颜色，也可在数值框内输入精确的颜色值，如图 5-4 所示。单击"颜色"面板右上角的扩展按钮，则会打开面板菜单，在菜单中还可对面板做更深入的设置，如图 5-5 所示。

图 5-4

图 5-5

5.1.2 油漆桶工具

"油漆桶工具"一般用于对选区或图像进行填充。当绘制好图像轮廓后，可以应用"油漆桶工具"为其填充颜色。单击工具箱中的"油漆桶工具"按钮 ，在选项栏中会显示该工具选项，并可以对填充模式、不透明度、容差值等选项进行设置。

1 设置填充源

在"油漆桶工具"选项栏中共有"前景"和"图案"两种填充方式，当选择"图案"选项时，会打开"图案"拾色器，单击可选择需要填充的图案，如图 5-6 所示，填充前景色和图案的对比效果如图 5-7 和图 5-8 所示。

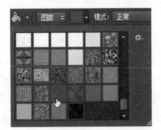
图 5-6

图 5-7

图 5-8

2 调整填充模式

在"模式"下拉列表中有多种填充模式，在填充颜色或图案时用于设置其混合模式，单击下拉按钮，在打开的下拉列表中即可选择混合模式，如图 5-9 所示为"强光"填充方式下填充的图像效果，图 5-10 所示为"减去"填充方式下填充的图像效果。

图 5-9   图 5-10

📖 知识补充

在选择填充区域的源为"图案"后，"图案"选项即被启用，单击图案，在打开的"图案"拾色器中单击右上方的扩展按钮，在打开的菜单中有多种图案，将其追加到拾色器中即可使用。

5.1.3 渐变工具

利用"渐变工具"可以绘制具有颜色变化的色带。在 Photoshop CC 中使用"渐变编辑器"窗口并选择渐变颜色，然后在图层或选区内单击并拖曳，即可填充设置的渐变颜色，同时在"渐变编辑器"对话框中还可以将设置的渐变色进行存储，便于下次使用。

1 渐变条的设置

利用"渐变工具"选项栏中的渐变条可以显示和设置渐变颜色。单击渐变条右侧的下拉按钮，打开"渐变拾色器"对话框，在对话框中可以选择多种渐变颜色，如图 5-11 所示；也可以单击渐变条，如图 5-12 所示，打开"渐变编辑器"对话框，在对话框中设置任意渐变颜色，如图 5-13 所示。

图 5-11

图 5-12

图 5-13

2 反向渐变

在图像中创建渐变颜色时，勾选"渐变工具"选项栏中的"反向"复选框，可以将设置的渐变颜色进行反转。在"渐变拾色器"中选择渐变颜色，如图 5-14 所示，然后在图像中单击并拖曳鼠标，应用设置的颜色创建填充渐变，效果如图 5-15 所示，若勾选"反向"复选框，就会出现反向填充渐变颜色的效果，效果如图 5-16 所示。

图 5-14

图 5-15

图 5-16

3 设置渐变类型

工具选项栏中包括"线性渐变"、"径向渐变"、"角度渐变"、"对称渐变"、"菱形渐变" 5 个渐变按钮，单击不同的按钮可以为画面中填充不同的渐变效果。"线性渐变"是以直线方向从起点渐变到终点；"径向渐变"是以圆形图案为方向从起点渐变到终点，如图 5-17 所示；"角度渐变"是围绕起点以逆时针方向以扫描方式渐变，如图 5-18 所示；"对称渐变"是以均衡的线为方向在起点的任一侧渐变，如图 5-19 所示；"菱形渐变"是以菱形为方向从起点向外渐变，终点定义菱形的一个角，如图 5-20 所示。

图 5-17

图 5-18

图 5-19

图 5-20

📖 **知识补充**

在"渐变工具"选项栏中，利用"不透明度"选项可以调节渐变颜色的不透明度，设置的参数值越大，填充效果越清晰，设置的参数越小，填充的图像越透明。

5.2 图像的任意绘制

在 Photoshop CC 中，可以利用绘图工具绘制任意图像，并以前景色表现绘制的图像。常用的绘图工具包括"画笔工具""铅笔工具""颜色替换工具""混合器画笔工具""历史记录艺术画笔工具"，使用这些工具可以更好地绘制、修饰图像。

5.2.1 画笔工具

利用"画笔工具"可绘制任意形态的图像或为图像涂抹上颜色。在工具箱中选择"画笔工具"后，在其选项栏中可调整画笔的大小、形态，还可以选择 Photoshop CC 提供的各种笔刷，绘制出不同形态的效果。

1 设置预设画笔

在"画笔预设"选取器中显示了当前选中的画笔的形态和大小，单击打开"画笔预设"选取器，可选择 Photoshop CC 提供的各种画笔、大小和硬度，如图 5-21 所示。在打开的选取器中单击右上角的扩展按钮，在扩展菜单中可看到各种画笔类型，如图 5-22 所示，选择需要替换的画笔后，即可将选择好类型的画笔添加至选取器中，如图 5-23 所示。

图 5-21   图 5-22   图 5-23

2 切换画笔选项调整画笔形态

在选项栏中，单击"切换画笔面板"按钮，可以打开或隐藏"画笔"面板，如图 5-24 所示。在此面板中可以对画笔的笔尖形态进行设置，包括大小、角度以及间距等。单击面板左侧的复选框，可切换面板选项，如图 5-25 和图 5-26 所示为画笔"形状动态"和"纹理"选项。

图 5-24

图 5-25   图 5-26

3 调整"不透明度"选项绘制图形

"不透明度"选项用于调整画笔的不透明度，当输入的"不透明度"值越小，绘制的图像则越透明。如图 5-27、5-28 和图 5-29 所示，分别为设置"不透明度"为 100%、50% 和 10% 时所绘制的效果。

图 5-27

图 5-28   图 5-29

4 在不同的流量下绘制图像

"流量"选项用于控制画笔的流动速率，设置的"流量"值越大，所绘制的图像就越清晰。设置"流量"为 100% 时绘制出的图像效果如图 5-30 所示；设置"流量"为 30% 时，绘制的图像效果如图 5-31 所示。

图 5-30

图 5-31

5.2.2 铅笔工具

利用"铅笔工具"可以模拟出真实铅笔笔触绘制的图像，并在画面中展现出各种硬边的线条。虽然"铅笔工具"的工具选项栏中的选项与"画笔工具"相同，但是绘制出来的效果却大不相同，使用"铅笔工具"绘制的图像边缘有一种生硬感，而"画笔工具"绘制出的图像边缘就柔和许多。

打开一幅素材图像，如图 5-32 所示，单击"铅笔工具"按钮，在显示的工具选项栏中的"画笔预设"选取器中选择合适的笔刷，如图 5-33 所示，在图像中单击或拖曳鼠标即可绘制出图案效果，如图 5-34所示。

图 5-32

图 5-33

图 5-34

5.2.3 颜色替换工具

"颜色替换工具"可以将画笔控制区域内的图像颜色与设置的前景色替换。在工具箱中选择"颜色替换工具"后，在其选项栏中可以设置画笔的大小、模式、限制方式等选项，让用户能更准确地替换区域内的颜色。

利用"颜色替换工具"可以完成画面中局部颜色的变换。打开一幅素材图像，如图 5-35 所示，在工具箱中设置前景色，如图 5-36 所示，选择"颜色替换工具"，然后在图像上方涂抹，被涂抹区域的图像将与设置的前景色进行替换，如图 5-37 所示。

图 5-35

图 5-36

图 5-37

5.2.4 混合器画笔工具

"混合器画笔工具"可以模拟真实的绘制效果，如混合画布上的颜色、混合画笔上的颜色以及在描边过程中使用不同的绘制湿度等。使用"混合器画笔工具"绘制图像时，可以通过选项栏中的选项来完成不同的绘画效果。

1 载入当前画笔

在"混合器画笔工具"选项栏中,单击"每次描边后载入画笔"按钮 ✍ 即可以显示当前画布载入储槽的油彩效果。将油彩载入储槽的方法可以将其设置为前景色,也可以在图像中直接选取。打开一幅图像,如图 5-38 所示,按下 Alt 键的同时在图像中单击,即可在"当前画笔载入"选项中显示载入的效果,如图 5-39 所示。

图 5-38

图 5-39

2 有用的混合画笔混合

"混合器画笔工具"选项栏中通过设置"潮湿""载入""混合"组合,可产生不同的绘画效果。分别在"有用的混合画笔混合"列表中选择"干燥,深描"和"潮湿"时的绘制效果如图 5-40 和图 5-41 所示。

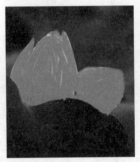
图 5-40

图 5-41

📖 知识补充

在"混合器画笔工具"选项栏中可以利用"潮湿""载入""混合""流量"等选项来控制画面效果,其中"潮湿"选项可以控制画笔从画布拾取的油彩量,数值越大所产生的绘画条痕越长;"载入"选项用于指定储槽的油彩量,载入速率越低时,绘画描边干燥的速度就越快;"混合"选项用于控制画布油彩量与储槽油彩量的比例,比例为 100% 时,所有油彩都将从画布中拾取,比例为 0% 时,所有油彩均来自储槽;"流量"选项用于设置油彩的流量,数值越低,流量越低,油彩变淡。

5.2.5 历史记录艺术画笔工具

"历史记录艺术画笔工具"使用指定历史记录状态或快照中的源数据,以风格化描边效果进行绘画。通过使用不同的绘画样式、大小和容差选项,可以用不同的色彩和艺术风格相结合模拟出类似绘画的纹理效果。

1 调整绘画样式

在"历史记录艺术画笔工具"选项栏中,通过使用"样式"选项可控制绘画时的描边形状。单击"样式"下拉按钮,在打开的下拉列表中共有 10 种样式可供应用,选择"绷紧中"和"轻涂"样式后的涂抹对比效果如图 5-42 和图 5-43 所示。

图 5-42

图 5-43

2 容差的应用

"容差"用于限定绘画时的描边区域,低容差可用于在图像中绘制无线条的描边,如图 5-44 所示;高容差将绘画描边限定于与源状态或快照中的颜色明显不同的区域,如图 5-45 所示。

图 5-44

图 5-45

5.3 图像的修改

在 Photoshop CC 中，可以利用图像修改工具对不需要的图像部分进行擦除或修改，以达到设计需求效果。常用的图像修改工具包括"橡皮擦工具""背景橡皮擦工具""魔术橡皮擦工具""历史记录画笔工具"。

5.3.1 橡皮擦工具

"橡皮擦工具"可将像素更改为背景色或透明。当在"背景"图层中或锁定透明度的图层中使用"橡皮擦工具"进行擦除操作时，被擦除区域的像素将被更改为背景色；若在其他像素图层中涂抹，那么被涂抹区域的像素将为变为透明效果。选择"橡皮擦工具"后，在其工具选项栏中可以设置画笔大小、形态等，同时还可利用模式选项调整擦除后的效果。

1 擦除图像为背景色显示效果

使用"橡皮擦工具"擦除图像时，先在"图层"面板中选择"背景"图层，然后使用鼠标在图像中涂抹，如此被涂抹过后的区域将会显示为当前所设置的背景色，如图 5-46 和图 5-47 所示分别为擦除图像前与擦除图像后的效果。

图 5-49　　　　　　　　　　图 5-50

3 工具预设

在"橡皮擦工具"选项栏中可以通过调整"模式"选项来调整图像的边缘效果，包括"画笔""铅笔""块"三种模式，选择不同的模式进行涂抹，可以在画面中得到不一样的边缘效果，如图 5-51、图 5-52 和图 5-53 所示。

图 5-51

图 5-46　　　　　　　　　图 5-47

2 擦除为透明效果

在一个设计作品中，往往不只有一个图层，若在除"背景"图层外的其他图层中使用"橡皮擦工具"进行擦除操作，那么被擦除后的图像将会显示为透明效果。任意打开一幅素材图像，如图 5-48 所示，使用"橡皮擦工具"涂抹擦除图像背景后，隐藏"背景"图层，如图 5-49 所示，此时可以看到透明的图像效果，如图 5-50 所示。

图 5-48

图 5-52

图 5-53

4 通过透明度擦除图像

通过选项栏中的"不透明度"选项可以设置"橡皮擦工具"所擦除图像的不透明度，输入的数值越大，擦除的图像就透明。设置"不透明度"为100%和50%时的对比效果如图5-54和图5-55所示。

5 不同"流量"擦除图像

"流量"选项用于调整画笔笔触的流量大小，输入的数值越大，擦除的像素就越多，图像就越透明。设置"流量"为80%和20%时的对比效果如图5-56和图5-57所示。

图 5-54　　　　　图 5-55　　　　　图 5-56　　　　　图 5-57

5.3.2 背景橡皮擦工具

使用"背景橡皮擦工具"可将图层上的像素涂抹成透明。用户通过指定不同的取样和容差选项来控制透明度的范围锐化程度和边界锐化程度，若在使用该工具前在选项栏中勾选"保护前景色"复选框，则可以防止抹除与设置的背景色匹配的颜色区域。

利用"橡皮擦工具"擦除图像时，如果在"背景"图层中进行操作，那么"图层"面板中的"背景"图层将会被自动转换为"图层0"。如图5-58所示为打开的素材图像，使用"背景橡皮擦工具"擦除背景图像后的效果如图5-59所示，此时打开"图层"面板，在面板中就可以看到由"背景"图层转换成的"图层0"图层，如图5-60所示。

图 5-58　　　　　　　图 5-59　　　　　　　图 5-60

📖 **知识补充**

在"背景橡皮擦工具"选项栏中，可以利用取样按钮来调整擦除的范围。选择"取样：连续"方式将在涂抹过程中不断以鼠标所在位置的像素颜色作为基准色，确定被替换的范围；选择"取样：一次"方式将始终以涂抹开始时的基准像素为准；选择"取样：背景色板"方式将只替换与背景色相同的像素。

5.3.3 魔术橡皮擦工具

使用"魔术橡皮擦工具"可以将所有相似的像素更改为透明。如果在已锁定透明度的图层中操作，则被擦除的像素将会被更改为背景色，如果在"背景"图层中操作，则会将背景图层转换为普通图层并将所有相似的像素更改为透明。

利用"魔术橡皮擦"擦除图像时，通过选项栏中的"容差"值控制擦除的范围大小，设置的数值越大，擦除的范围就越广，设置的数值越小，擦除的范围就越小，如图 5-61 所示为打开的素材图像，分别设置"容差"值为 32 和 60 时，擦除的图像效果如图 5-62 和图 5-63 所示。

图 5-61

图 5-62

图 5-63

📖 知识补充

使用"魔术橡皮擦工具"擦除图像时，勾选选项栏中的"对所有图层取样"复选框，更加便于利用所有可见图层中的组合数据来采集将抹除的取样数据。

5.3.4 历史记录画笔工具

在 Photoshop CC 中，图像的每一步操作都会被记录到"历史记录"面板中，通过"历史记录"可以查看到对图像进行的所有操作步骤，而利用"历史记录画笔工具"可消除对图像所做的历史操作，使图像恢复到之前的效果。

打开并编辑完图像后，如图 5-64 所示，打开"历史记录"面板，在面板中记录了完整的操作步骤，单击选取操作步骤，如图 5-65 所示，即可将图像返回至原操作步骤中，效果如图 5-66 所示。

图 5-64

图 5-65

图 5-66

实例 1　快速为图像填充渐变背景

色彩变化丰富的背景可更好地突出主体人物，也可以使整个图像的色调更加和谐。使用"渐变工具"可以为图像填充上渐变颜色，通过调整图层的混合模式使色彩混合至人物图像中，打造渐变的画面效果。

原始文件：随书资源 \ 素材 \05\01.jpg

最终文件：随书资源 \ 源文件 \05\ Lab 快速为图像填充渐变背景 .psd

1 打开原始文件，如图 5-67 所示，复制"背景"图层，得到"背景拷贝"图层，如图 5-68 所示。

2 选择"快速选择工具"，如图 5-69 所示。在人物后方的背景区域单击，创建选区，如图 5-70 所示。

图 5-67

图 5-68

图 5-69　　　　图 5-70

3 按下快捷键 Ctrl+J，复制选区内的图像，得到"图层 1"图层，如图 5-71 所示。单击"创建新图层"按钮，在"图层"面板中创建"图层 2"图层，如图 5-72 所示。

图 5-71　　　　图 5-72

4 设置前景色为 R187、G128、B178，背景色为 R124、G189、B196，如图 5-73 所示，选择"渐变工具"，单击选项栏中的渐变条，打开"渐变编辑器"对话框，选择"前景色到背景色渐变"，然后在渐变条的中点位置单击，添加一个色标，如图 5-74 所示。

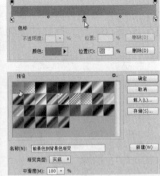

图 5-73　　　　图 5-74

▼ 技巧提示：新建新图层填充

在对图像填充渐变颜色前，需要创建一个新图层，否则会把设置的渐变颜色直接填充于当前选取的图层中。

5 双击添加的色标，打开"拾色器（色标颜色）"对话框，在对话框中设置颜色值为 R142、G119、B216，如图 5-75 所示。设置后单击"确定"按钮，返回至"渐变编辑器"对话框，如图 5-76 所示，在对话框中单击右上角的"确定"按钮。

图 5-75　　　　图 5-76

6 设置渐变颜色后，使用"渐变工具"在图像左上角单击并拖曳至右下角，如图 5-77 所示，释放鼠标，为图像填充渐变颜色，如图 5-78 所示。

图 5-77　　　　图 5-78

7 在"图层"面板中选择"图层 2"图层，设置图层混合模式为"颜色加深"，如图 5-79 所示，设置后的图像效果如图 5-80 所示。

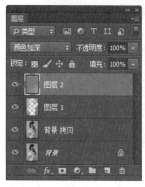

图 5-79　　　　　图 5-80

▼ 技巧提示：切换图层混合模式

选择图层混合模式后，按下键盘中的上、下方向箭头可以在不同颜色模式中快速转换。

8 按下 Ctrl 键不放，单击"图层 1"图层缩览图，如图 5-81 所示，将该图层中的对象载入到选区中，如图 5-82 所示。

图 5-81　　　　　图 5-82

9 在"图层"面板中选择"图层 2"图层，单击面板底部的"添加图层蒙版"按钮 ，如图 5-83 所示，为"图层 2"图层添加蒙版，如图 5-84 所示。

图 5-83　　　　　图 5-84

10 单击工具箱中的"画笔工具"按钮，设置"不透明度"为 26%、"流量"为 13%，如图 5-85 所示，单击"图层 2"蒙版缩览图，如图 5-86 所示，使用"画笔工具"在边缘涂抹，使人物背景更加融合，效果如图 5-87 所示。

图 5-85

图 5-86　　　　　图 5-87

实例 2　将图像打造为艺术画作效果

利用"历史记录艺术画笔工具"可在图像中模拟出逼真的绘画纹理，使普通的图像展出更为精彩的艺术画作效果。

原始文件：随书资源 \ 素材 \05\02.jpg

最终文件：随书资源 \ 源文件 \05\ 将图像打造为艺术画作效果 .psd

1　打开原始文件，选择"背景"图层，将其拖至"创建新图层"按钮 上，复制图层，得到"背景拷贝"图层，如图 5-88 所示。

图 5-88

2　选择"历史记录艺术画笔工具"，在其选项栏中打开"画笔预设"选取器，设置画笔大小为 6 像素，如图 5-89 所示。

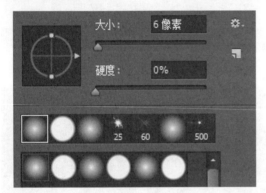

图 5-89

3　在选项栏中设置"样式"为"绷紧长"，使用该工具在图像中进行涂抹，描绘出绘画效果，按下快捷键 Ctrl+J，复制图层，如图 5-90 所示。

图 5-90

4　在"历史记录画笔工具"选项栏中选择"松散中等"样式，继续涂抹，涂抹完后创建"自然饱和度 1"调整图层，设置"自然饱和度"为

+23、"饱和度"为 +20，调整图像颜色，如图 5-91 所示。

图 5-91

5　创建"色阶 1"调整图层，在打开的"属性"面板中设置色阶值为 12、0.45、208，如图 5-92 所示。创建"亮度/对比度 1"调整图层，设置"亮度"为 -19、"对比度"为 60，如图 5-93 所示。单击"色阶 1"蒙版缩览图，设置前景色为黑色，再使用"画笔工具"涂抹，修饰画面的明暗色彩，如图 5-94 所示。

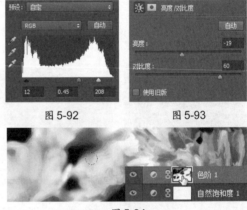

图 5-92　　　　　图 5-93

图 5-94

6　选择"矩形选框工具"，在图像两侧绘制选区，然后新建图层，将选区填充为黑色，使用"横排文字工具"为图像添加文字，效果如图 5-95 所示。

图 5-95

实例 3 给人物绘制天使般的翅膀

在画面中添加上一些简单的小元素，不仅可以使图像更加漂亮，还能增加图像的韵味。利用 Photoshop CC 提供的画笔可以在图像上绘制出各种美丽的图形。本实例讲解如何为图像中的人物添加美丽的翅膀图案，展现更加浪漫的画面效果。

原始文件：随书资源 \ 素材 \05\03.jpg

最终文件：随书资源 \ 源文件 \05\ 给人物绘制天使般的翅膀 .psd

1 打开原始文件，复制"背景"图层，得到"背景拷贝"图层，设置图层混合模式为"正片叠底"、"不透明度"为 **50%**，如图 5-96 所示。

图 5-96

2 选择"画笔工具"，在其选项栏中打开"画笔预设"选取器，单击扩展按钮，如图 5-97 所示，在打开的菜单下执行"载入画笔"命令，如图 5-98 所示。

图 5-97 图 5-98

3 打开"载入"对话框，选择翅膀画笔，将其载入至"画笔预设"选取器中，然后选择载入的画笔，打开"画笔"面板，设置"大小"为 **500** 像素、"角度"为 **-32°**，如图 5-99 所示。设置前景色为白色，新建图层，使用"画笔工具"在图像中单击，然后绘制翅膀，效果如图 5-100 所示。

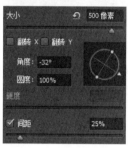

图 5-99 图 5-100

4 在"图层"面板中选择"图层 1"图层，执行"图层 > 复制图层"菜单命令，复制图层，得到"图层 1 拷贝"图层，如图 5-101 所示。

图 5-101

5 按快捷键 **Ctrl+T** 打开编辑框，右击编辑框中的图像，在打开的快捷菜单下执行"水平翻转"命令，如图 5-102 所示，翻转图像。

图 5-102

6 使用"移动工具"把翅膀移至合适位置，盖印"图层 1"和"图层 1 拷贝"图层，得到"图层 1 拷贝（合并）"图层。将原图层隐藏后，如图 5-103 所示，为盖印图层添加蒙版，将多余翅膀图像隐藏，如图 5-104 所示。

图 5-103　　　　　　　　图 5-104

7 双击"图层 1 拷贝（合并）"图层，打开"图层样式"对话框，勾选"投影"复选框，设置"不透明度"为 10%、"距离"为 5、"大小"为 27，如图 5-105 所示，单击"确定"按钮，添加投影，效果如图 5-106 所示。

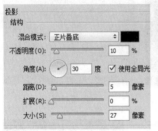

图 5-105　　　　　　　　图 5-106

8 按下 Ctrl 键不放，单击"图层 1 拷贝（合并）"图层缩览图，如图 5-107 所示，载入选区，单击"图层"面板底部的"创建新的填充或调整图层"按钮，执行"纯色"命令，如图 5-108 所示。

图 5-107　　　　　　　　图 5-108

▼ 技巧提示：通过命令创建填充图层

在选择图层后，执行"图层 > 新建填充图层 > 纯色"命令，同样可以在选中图层上方创建一个填充图层。

9 打开"拾色器（纯色）"对话框，在对话框中设置颜色值为 R227、G238、B206，如图 5-109 所示，单击"确定"按钮，为选区填充颜色，效果如图 5-110 所示。

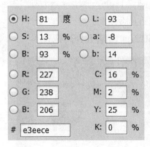

图 5-109　　　　　　　　图 5-110

10 使用"画笔工具"去除翅膀上多余的颜色，盖印图层，执行"滤镜 > 渲染 > 光照效果"菜单命令，打开"光照效果"对话框，设置光照后，返回"图层"面板，设置图层混合模式为"柔光"、"不透明度"为 40%，如图 5-111 所示。

图 5-111

实例 4　擦除图像替换背景

在处理的过程中，对画面中的背景进行替换，可以产生不同的视觉效果。在 Photoshop CC 中，利用"魔棒工具"能够快速擦除不需要的图像，并为其换上合适的背景，再通过调整图像的大小及颜色，进一步完善图像效果。

原始文件：随书资源 \ 素材 \05\04.jpg、05.jpg

最终文件：随书资源 \ 源文件 \05\ 擦除图像替换背景 .psd

1 打开原始文件 "04.jpg"，选择 "背景" 图层，执行 "图层 > 复制图层" 菜单命令，复制图层，得到 "背景拷贝" 图层，如图 5-112 所示，单击 "背景" 图层前的 "指示图层可见性" 按钮 👁，隐藏 "背景" 图层，如图 5-113 所示。

图 5-112 图 5-113

2 选择 "魔术橡皮擦工具"，在天空上方单击，擦除纯色的天空图像，如图 5-114 所示，然后连续单击，就可以擦除更多蓝色的天空图像，在 "图层" 面板中显示擦除的图层效果，如图 5-115 所示。

图 5-114 图 5-115

3 打开原始文件 "05.jpg"，将打开的素材图像拖入 04.jpg 图像中，得到 "图层 1" 图层，如图 5-116 所示，执行 "图层 > 排列 > 后移一层" 菜单命令，将 "图层 1" 移至 "背景" 图层上，如图 5-117 所示。

图 5-116 图 5-117

4 按下快捷键 Ctrl+T，打开自由变换工具，调整天空图像的大小，如图 5-118 所示，按下快捷键 Ctrl+Shift+Alt+E，盖印图层，得到 "图层 2" 图层，如图 5-119 所示。

图 5-118 图 5-119

▼ 技巧提示：盖印选中图层

在 "图层" 面板中选中图层后，按下快捷键 Ctrl+Alt+E，可以将选中的图层盖印。

5 创建 "亮度 / 对比度 1" 调整图层，在打开的 "属性" 面板中设置 "亮度" 为 47、"对比度" 为 48，如图 5-120 所示，提亮画面，增强对比效果，如图 5-121 所示。

图 5-120 图 5-121

6 单击 "调整" 面板中的 "色阶" 按钮 ，新建 "色阶 1" 调整图层，打开 "属性" 面板，输入色阶值为 30、0.84、225，如图 5-122 所示。

图 5-122

7 按下快捷键 Ctrl+Shift+Alt+E，盖印图层，得到 "图层 3" 图层，执行 "滤镜 > 锐化 >USM 锐化" 菜单命令，打开 "USM 锐化" 对话框，设置 "数量" 为 50%、"半径" 为 2.0 像素，如图 5-123 所示，单击 "确定" 按钮，锐化图像，效果如图 5-124 所示。

图 5-123　　　　　　图 5-124

实例5　给黑白图像上色

黑白图像固然具有独特的韵味，但色彩丰富的图像同样也深受人们的喜爱。在 Photoshop CC 中运用 "历史记录画笔工具" 和快照功能，能够为单调的黑白图像添加上鲜艳的色彩。

原始文件：随书资源 \ 素材 \05\06.jpg
最终文件：随书资源 \ 源文件 \05\ 给黑白图像上色 .psd

1 打开原始文件，复制图层得到 "背景拷贝" 图层，如图 5-125 所示，执行 "图像 > 调整 > 色相 / 饱和度" 菜单命令，在打开的对话框中勾选 "着色" 复选框，设置 "色相" 为 202、"饱和度" 为 82，如图 5-126 所示。

3 执行 "窗口 > 历史记录" 菜单命令，打开 "历史记录" 面板，单击 "创建新快照" 按钮 ，新建 "快照 1"，如图 5-128 所示。然后在面板中再单击 "复制图层" 操作步骤，如图 5-129 所示，图像恢复到打开时的黑白效果。

图 5-125　　　　　　图 5-126

图 5-128　　　　　　图 5-129

2 设置 "色相 / 饱和度" 后，在图像窗口中可看到着色后的图像效果，如图 5-127 所示。

4 执行 "图像 > 调整 > 色彩平衡" 菜单命令，在打开的对话框中设置色阶为 +89、+13、-49，如图 5-130 所示。

图 5-127

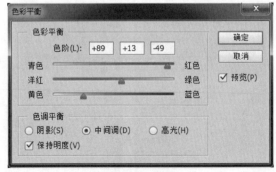

图 5-130

5 设置"色彩平衡"对话框后，在图像窗口中可看到更改图像后的效果，如图 5-131 所示。打开"历史记录"面板，单击"创建新快照"按钮 📷，新建"快照 2"图层，如图 5-132 所示。

图 5-131　　　　　　　　图 5-132

6 再次进行"复制图层"操作，如图 5-133 所示，使图像恢复到黑白效果，按下快捷键 Ctrl+U，打开"色相 / 饱和度"对话框，勾选"着色"复选框，设置"色相"为 51、"饱和度"为 25，如图 5-134 所示。

 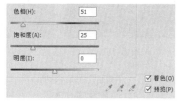

图 5-133　　　　　　　　图 5-134

7 设置"色相 / 饱和度"后的图像效果如图 5-135 所示，打开"历史记录"面板，单击"创建新快照"按钮 📷，新建"快照 3"，如图 5-136 所示。

图 5-135　　　　　　　　图 5-136

8 在选中"快照 3"的情况下，使用"历史记录画笔工具"并在"快照 1"上单击，确定历史记录的源。然后使用该工具在人物的服饰上方进行涂抹，以显示出蓝色的衣服效果，如图 5-137 所示。

图 5-137

9 将"快照 2"确定为历史记录的源，然后设置"历史记录画笔工具"的"不透明度"为 56%、"流量"为 52%，在人物的发丝及皮肤上涂抹，为其添加颜色，如图 5-138 所示。

图 5-138

10 调整"历史记录画笔工具"选项，设置"不透明度"为 20%、"流量"为 32%，继续使用"历史记录画笔工具"涂抹背景，为背景图像着色，如图 5-139 所示。

图 5-139

11 使用"快速选择工具"在衣服上创建选区，按下快捷键 Shift+F6，打开"羽化选区"对话框，输入"羽化半径"为 1，单击"确定"按钮，羽化选区，如图 5-140 所示。

图 5-140

12 创建"色相/饱和度1"调整图层,打开"属性"面板,设置"饱和度"为+36,增强衣服的色彩鲜艳度,如图5-141所示。

图 5-141

13 选择"磁性套索工具",设置"羽化"值为2像素,沿嘴唇拖曳鼠标,创建选区,如图5-142所示。创建"色相/饱和度2"调整图层,设置"色相"为-22,"饱和度"为+22,如图5-143所示。

图 5-142   图 5-143

14 在"属性"面板中对"色相/饱和度"进行设置后,返回至图像窗口中,此时可以看到人物的嘴唇颜色变换为靓丽的红色,如图5-144所示。

图 5-144

15 单击"调整"面板中的"色彩平衡"按钮,创建"色彩平衡1"调整图层,在"属性"面板中设置颜色值为+18、0、0,如图5-145所示,设置后的效果如图5-146所示。

图 5-145   图 5-146

16 单击"色彩平衡1"图层的蒙版缩览图,设置前景色为黑色,选择"画笔工具",设置"不透明度"为57%、"流量"为34%,如图5-147所示,在背景及皮肤上涂抹,如图5-148所示,修饰整个画面的颜色,如图5-149所示。

图 5-147

图 5-148   图 5-149

5.4 本章小结

本章主要介绍 Photoshop CC 的绘图功能。为了使用户能够更自由地绘制图像,Photoshop CC 在工具箱中添加了多种绘制与填充工具,在本章中都为大家一一讲解了这些工具的使用方法,读者通过学习本章知识,能够轻松地在 Photoshop CC 中绘制任意图案,使图像呈现更具表现力、感染力的视觉效果。

5.5 思考与练习

1. 填空题

（1）要使用前景色填充图像，可以按下快捷键 _____；要使用背景色填充图像，可以按下快捷键 _____。

（2）运用画笔绘制图案时，可以按下键盘中的 _____ 或 _____ 键快速调整画笔笔触大小。

（3）单击"编辑编辑器"对话框中的 _____，可以载入系统预设的渐变颜色。

（4）Photoshop CC 提供了 _____、_____、_____、_____ 和 _____ 5 种渐变类型。

2. 问答题

（1）怎样将画笔载入到"画笔预设"选取器中？

（2）在"画笔预设"选取器中载入太多画笔后，如何将它还原至默认状态？

（3）"背景橡皮擦工具"选项栏中的"限制"选项有什么作用？

3. 上机题

（1）打开随书资源\上机题\素材\05\01.jpg，如图 5-150 所示，结合"渐变工具"和"颜色替换工具"为人物添加个性化的妆面效果，如图 5-151 所示。

（2）打开随书资源\上机题\素材\05\02.jpg，如图 5-152 所示，将该图像作为背景，使用"画笔工具"在图像上绘制彩铅写实风格的昆虫特写，效果如图 5-153 所示。

图 5-150

图 5-151

图 5-152

图 5-153

（3）打开随书资源\上机题\素材\05\03.jpg，如图 5-154 所示，运用图像修改工具中的"橡皮擦工具"和"魔术橡皮擦工具"把素材图像旁边的背景擦掉，将其添加到新背景中，通过修改图像制作一幅创意插画，效果如图 5-155 所示。

图 5-154

图 5-155

第6章

图像的修复和修饰

利用 Photoshop CC 的图像修复与修饰功能，可以修复有瑕疵的图像并对图像进行进一步的修饰处理，使图像呈现更加完美的视觉效果。该功能常用于照片的后期处理中，以弥补拍摄时出现的各种缺陷。

6.1 修复图像的工具

在 Photoshop CC 中可以利用修复画笔类工具修复图像中的瑕疵，例如去除图像中的污点、污迹；遮盖画面中不需要的部分；去除难看的红眼等。修复画笔类工具包括了"污点修复画笔工具""修复画笔工具""修补工具""内容感知移动工具""红眼工具"。

6.1.1 污点修复画笔工具

通过"污点修复画笔工具"可以自动从修复区域的周围像素中取样，并将像素的纹理、光照、透明度和阴影与所修复的像素进行匹配，从而快速去除图像中的污点和杂点。选择工具箱中的"污点修复画笔工具"然后在图像中需要修复的地方单击，即可自动去除污点。

使用"污点修复画笔工具"去除画面中的污点时，可以选择不同的模式进行修复。如图 6-1 所示，打开一幅素材图像，单击"污点修复画笔工具"按钮 ，如图 6-2 所示，将鼠标移至人物皮肤上的污点位置并单击，即可把鼠标单击位置的污点去除，去除污点后的效果如图 6-3 所示。

图 6-1

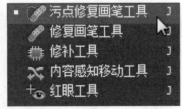
图 6-2

图 6-3

6.1.2 修复画笔工具

"修复画笔工具"可以校正图像中的瑕疵，它主要通过图像或图案中的样本像素来绘图。在修复图像前，需要先在画面中设置修复源，既可以将图像中的取样像素设置为修复源，也可以将选择好的图案设置为修复源。设置修复源后在图像中单击或涂抹，即可修复图像。

1 取样图案修复

利用"修复画笔工具"选项栏中的"取样"按钮，可在图像中设置取样源。打开图像后，按住 Alt 键，在图像中单击进行取样，如图 6-4 所示，然后在图像中需要修复的位置单击，即可将该位置的多余图像去除，经过反复单击取样，即可用取样图案替换图像中多余的杂物，效果如图 6-5 所示。

图 6-4　　　　　　图 6-5

2 应用图案修复

单击选项栏中的"图案"单选按钮，将会激活右侧的图案选项。单击下拉按钮，即可在打开的"图案"拾色器中选择合适的图案，用以修复画面。如图 6-6 所示为打开的图像效果，在"图案"拾色器中单击，选择图案，如图 6-7 所示，运用所选择的图案修复图像，效果如图 6-8 所示。

图 6-6

图 6-7

图 6-8

6.1.3　修补工具

"修补工具"可以用其他区域的像素或图案来修复选区中的像素。使用此工具修复图像前要先在图像中需要修补的区域内创建选区，再将创建的选区拖曳至要替换的区域，释放鼠标后即可自动进行修复。

1 设置修补源

单击"修复工具"选项栏中的"源"按钮，将选区拖曳至想要取样的区域，原选区内的图像将以样本像素修补。使用"修补工具"在图像中拖曳，如图 6-9 所示，创建选区，然后单击并向左拖曳，修复图像，如图 6-10 所示，此时释放鼠标，可以看到修复后的图像，如图6-11 所示。

图 6-9

2 调整修复目标

单击选择工具选项栏中的"目标"按钮后，将选区拖曳到要修补的区域，样本像素将修补新选定的区域，如图 6-12 和图 6-13 所示两幅图像即为运用"目标"按钮修复图像后的效果。

图 6-12

图 6-10

图 6-11

图 6-13

6.1.4 内容感知移动工具

　　"内容感知移动工具"用于混合被选区域内的图像。在需要修改的图像区域内创建选区，然后拖曳移动选区内的图像，拖曳后将自动填充被移动区域内图像。使用"内容感知移动工具"修复图像时，可保留画面的完整性。

　　"内容感知移动工具"选项栏中提供了两种混合模式："移动"和"扩展"。选择模式为"移动"，单击并向右拖曳可移动选区图像。选择"复制"模式，可复制选区内的图像，如图 6-14 所示为原图效果，图 6-15 和图 6-16 所示为运用不同模式填充的图像效果。

图 6-14　　　　　　　　　　图 6-15　　　　　　　　　　图 6-16

6.1.5 红眼工具

　　使用"红眼工具"可以去除图像中人物或动物眼球上的特殊反光区域，即红眼。使用闪光灯拍摄的图像，常会出现红眼现象，这时可以利用"红眼工具"轻松去除。

　　打开一幅素材图像，如图 6-17 所示，放大显示后可以看到画面中人物上方的红眼，选择工具箱中的"红眼工具" ，在眼睛上单击并拖曳鼠标，如图 6-18 所示，拖曳后即可去除人物的红眼，效果如图 6-19 所示。

图 6-17　　　　　　　　　　图 6-18　　　　　　　　　　图 6-19

📖 知识补充

　　使用"红眼工具"对图像中的红眼进行处理时，可通过"变暗量"选项对修复红眼时的颜色深度进行调整，设置的参数值越大，图像的颜色就越深。

6.2 图像的仿制修复

　　Photoshop CC 提供了一组用于仿制修复图像的工具，即"仿制图章工具"和"图案图章工具"。利用这组工具可以对图像的部分像素进行仿制，也可以在图像中添加仿制图案以修复图像。

6.2.1 仿制图章工具

使用"仿制图章工具"可以将选定的图像区域如同盖章一样复制到画面中的指定区域，也可以将一个图层中的部分图像绘制到另一个图层中，得到复制图像的效果。"仿制图章工具"的使用方法与"修复画笔工具"相似，只需按下 Alt 键在图像中取样仿制源，然后在图像中单击或涂抹即可。

1 运用不透明度控制画面

在仿制图像时，利用"不透明度"选项可控制取样像素的不透明效果，默认情况下"不透明度"为 100%，设置的参数值越小，仿制图像的效果就越淡，如图 6-20 和图 6-21 所示分别为设置"不透明度"为 20% 和 100% 时仿制图像的效果。

图 6-20

图 6-21

2 通过"对齐"仿制图像

应用仿制图章工具选项栏中的"对齐"复选框，可以控制是否连续使用取样像素进行仿制。当勾选"对齐"复选框时，可连续对像素进行取样，即使释放鼠标，也不会丢失当前取样点；当取消勾选后，则会在每次重新开始绘制时使用初始取样点中的样本像素进行仿制。如图 6-22 和图 6-23 所示为勾选"对齐"和取消勾选状态时仿制出的图像效果。

图 6-22

图 6-23

📖知识补充

单击"仿制图章工具"选项栏中的"切换仿制源"面板按钮，将会打开"仿制源"面板，在此面板中单击"仿制源"按钮，可以在图像中创建新的仿制源。

6.2.2 图案图章工具

通过"图案图章工具"可以将绘制的区域仿制为选择的图案，此工具常用于对背景图案进行填充操作。在工具箱中单击"图案图章工具"按钮后，可以在选项栏中选择各种图案，并将选择的图像应用到相应的位置。

1 在"图案"拾色器中选取图案

选中"图案图章工具"后，接下来就需要在选项栏中的"图案"拾色器中选择图案。单击图案右侧的倒三角形按钮，即可打开"图案"拾色器，如图 6-24 所示，在拾色器中单击选择图案，选用所选图案仿制图像前后的对比效果如图 6-25 和图 6-26 所示。

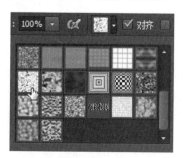
图 6-24

图 6-25

图 6-26

2 添加印象派效果

在选项栏中勾选"印象派"复选框后，可以

为填充的图像模拟印象派绘画效果，如图 6-27 和图 6-28 所示分别为直接填充和勾选"印象派"复选框后的仿制图像效果。

图 6-27

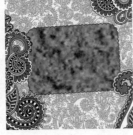

图 6-28

📖 知识补充

在"图案"拾色器的默认情况下，一般只显示几个简单的图案，用户需要将其他图案添加到拾色器中才可以使用。添加图层时，单击拾色器右上角的扩展按钮⚙，在打开的菜单中即可显示 Photoshop CC 提供的各种预设图案，选择相应的图案即可追加至新的拾色器中。

6.3　图像的修饰处理

利用修饰类工具可以对图像的颜色、明度做进一步修饰，同时利用这些工具还可以对图像进行模糊或锐化等处理。图像的修饰工具包括"模糊工具""锐化工具""涂抹工具""加深 / 减淡工具""海绵工具"。

6.3.1　模糊工具

使用"模糊工具"可以软化像素边缘，减少图像中的细节。通过对画面进行涂抹即可产生模糊效果，涂抹的次数越多，所产生的模糊效果就越明显。

运用"模糊工具"模糊图像时，可以对模糊的方式进行选择，选择不同的模式所产生的模糊效果也不同。选取一幅图像，如图 6-29 所示，分别将模式设置为"正常"和"变亮"时，涂抹后的对比效果如图 6-30 和图 6-31 所示。

图 6-29

图 6-30

图 6-31

6.3.2　锐化工具

"锐化工具"可以增加图像边缘的对比度，增强图像外观上的锐化程度，使模糊的图像变得清晰。选择该工具后，在图像中需要锐化的区域上单击或涂抹即可锐化图像，在锐化图像时，还可以勾选"锐化工具"选项栏中的"保护细节"复选框，在锐化时保留画面中的细节部分，避免过度锐化而失真。

对于图像的锐化处理，需要通过"强度"选项来控制锐化程度，参数越大，锐化的效果就会越明显。打开一幅图像，如图 6-32 所示，分别设置"强度"值为 50% 和 100% 时，运用"锐化工具"锐化的对比效果如图 6-33 和图 6-34 所示。

图 6-32　　　　　　　　　　图 6-33　　　　　　　　　　图 6-34

6.3.3　涂抹工具

使用"涂抹工具"在图像中涂抹可产生扭曲像素的效果。在涂抹时可拾取开始涂抹位置的颜色，并沿鼠标拖曳的方向展开这种颜色。在选项栏中可设置画笔的大小，并利用"强度"选项控制扭曲程度。

用"涂抹工具"涂抹画面时，直接涂抹可以对图像进行扭曲处理，若勾选选项栏中的"手指绘画"复选框后再进行涂抹，则可在涂抹扭曲图像的同时为图像添加上颜色。如图 6-35 所示为原图像，直接运用"涂抹工具"的涂抹效果如图 6-36 所示，勾选"手指绘画"的涂抹效果如图 6-37 所示。

图 6-35　　　　　　　　　　图 6-36　　　　　　　　　　图 6-37

6.3.4　加深工具

使用"加深工具"在图像中进行涂抹时可以将图像变暗。用户涂抹的次数越多，图像就会变得越暗。单击工具箱中的"加深工具"按钮，在打开的工具选项栏中设置各个选项，控制加深图像的效果。

对于图像的加深处理，通过"加深工具"选项栏中的"曝光度"选项可以调整加深的程度，设置的"曝光度"值越大，加深效果越明显，图像也就越暗。如图 6-38 所示为原图像，设置"曝光度"为 10% 和100% 时，图像效果如图 6-39 和图 6-40 所示。

图 6-38　　　　　　　　　　图 6-39　　　　　　　　　　图 6-40

📖 知识补充

使用"加深工具"对图像进行加深操作时,可以选择图像加深的范围,包括"中间调""阴影""高光"区域,选择不同的加深区域,可以得到不同的变暗效果。

6.3.5 减淡工具

"减淡工具"可以提高图像中的特写区域的亮度,此工具使用方法与"加深工具"相同,只需选择工具后在图像中涂抹即可对图像进行减淡处理。使用"减淡工具"时,也可以利用选项栏中的选项设置减少的范围和强度。

在"减淡工具"选项栏中,"曝光度"选项主要用来控制图像的减淡程度,设置的参数值越大,图像的减淡效果就越明显,选择一幅图像,如图 6-41 所示,将"曝光度"设置为 20% 和 100% 时,画面对比效果如图 6-42 和图 6-43 所示。

图 6-41

图 6-42

图 6-43

📖 知识补充

使用"加深 / 减淡工具"对图像进行加深 / 减淡操作时,可以通过勾选选项栏中的"保护色调"复选框来有效地保护图像的基本色调,防止加深或减淡图像时发生色相偏移。

6.3.6 海绵工具

使用"海绵工具"可以增强或降低图像的色彩饱和度。"海绵工具"与"加深、减淡工具"的使用方法相同,在工具箱中单击"海绵工具"按钮 ,然后在图像中单击或涂抹,即可增强或降低涂抹区域图像的色彩饱和度。

使用"海绵工具"时,可以在选项栏中选择"去色"和"加色"两种不同的模式来处理图像中的颜色。选择一幅图像,如图 6-44 所示,在图像上涂抹时选择"去色"模式,可降低图像颜色的饱和度,得到的效果如图 6-45 所示,在图像上涂抹时选择"加色"模式,可提高图像颜色的饱和度,得到的效果和图 6-46 所示。

图 6-44

图 6-45

图 6-46

实例 1　去除画面中的污迹

图像中出现的污迹，不但影响画面的整体效果，而且会给人一种非常脏的感觉。通过运用修复画笔工具可以快速去除图像中的污迹，得到更加干净、整洁的画面。

原始文件：随书资源 \ 素材 \06\01.jpg

最终文件：随书资源 \ 源文件 \06\ 去除画面中的污迹 .psd

1 打开原始文件，在"图层"面板中，复制"背景"图层得到"背景拷贝"图层，使用"缩放工具"在照片划痕位置进行拖曳，放大图像显示，如图6-47所示。

图 6-47

2 单击工具箱中的"修复画笔工具"按钮 ，如图6-48所示，在该工具选项栏中勾选"对齐"复选框，如图6-49所示。

图 6-48

图 6-49

3 按下 Alt 键并在干净的画面中进行取样，然后在污迹上方涂抹，继续使用"修复画笔工具"对污迹进行处理，得到干净的画面效果，如图6-50所示。

图 6-50

 实例 2　清除照片中的多余人影

在拍摄照片时，如果拍摄者站于被拍摄物体的前面，就很容易受光线的影响，将自己的投影拍摄于画面中。这时可以使用"仿制图章工具"将画面中多余的投影去除，使画面更加干净。

原始文件：随书资源 \ 素材 \06\02.jpg

最终文件：随书资源 \ 源文件 \06\ 清除照片中的多余人影 .psd

1 打开原始文件，复制"背景"图层，创建"背景拷贝"图层，执行"图像 > 自动颜色"命令，如图6-51所示。

图 6-51

2 根据上一步中执行的"自动颜色"命令，校正图像颜色，得到最自然的画面效果，如图6-52所示。

图 6-52

3 单击工具箱中的"仿制图章工具"按钮 ![chapter] ,在图像中单击,取样图像,如图 6-53 所示,将鼠标移至人影上,单击并涂抹,修复图像,如图 6-54 所示。

图 6-53

图 6-54

4 继续使用"仿制图章工具"仿制涂抹操作,去除图像下方的人影,如图 6-55 所示。打开"调整"面板,单击"可选颜色"按钮 ![btn] ,创建"选取颜色 1"调整图层,如图 6-56 所示。

图 6-55

图 6-56

5 打开"属性"面板,设置"红色"颜色百分比为 24%、+7%、+12%、+20,如图 6-57 所示,继续设置"黄色"颜色百分比为 -93%、+7%、+59%、+44,如图 6-58 所示。

图 6-57

图 6-58

6 设置"黑色"颜色百分比为 0%、0%、0%、+5%,如图 6-59 所示,设置"可选颜色"选项后,利用设置的参数调整图像颜色,并在图像窗口中查看设置后的效果,如图 6-60 所示。

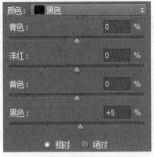
图 6-59

图 6-60

▼ **技巧提示:更改调整选项**

双击"图层"面板中创建的调整图层,即可在打开的"属性"面板中更改相应参数。

7 打开"调整"面板,单击"色相/饱和度"按钮 ![btn] ,如图 6-61 所示,在"图层"面板中新建"色相/饱和度 1"调整图层,如图 6-62 所示。

图 6-61

图 6-62

8 在打开的"属性"面板中将全图"饱和度"设置为 +16,如图 6-63 所示,继续在面板中设置蓝色"饱和度"为 +62,如图 6-64 所示。

图 6-63

图 6-64

9 在图像窗口中查看应用"色相/饱和度"调整后的图像色彩,如图 6-65 所示,按下快捷键 Ctrl+Shift+Alt+E,盖印图层,如图 6-66 所示。

图 6-65

图 6-66

▼ 技巧提示：合并图层与盖印图层的区别

　　合并图层是将几个图层合并为一个新图层，操作完成后，参与合并的图层就不存在了。而盖印图层虽然也是将几个图层的内容合并为一个新图层，但盖印后这几个图层仍保持完好。

10 执行"滤镜 > 锐化 >USM 锐化"菜单命令，打开锐化对话框，输入"数量"为 37%、"半径"为 0.8 像素，如图 6-67 所示，单击"确定"按钮，锐化图像，如图 6-68 所示。

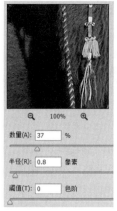

图 6-67　　　　　　　　　图 6-68

实例 3　在图像背景中添加图案

　　单一的背景会给人一种略显单调的感觉，在处理这类图像时，可以尝试在画面中添加一些或简单或复杂的图案，使画面变得丰富起来。利用自定义图案操作，可快速对指定的区域填充图案，让图像的视觉效果更加饱满。

原始文件：随书资源 \ 素材 \06\03.jpg、04.jpg

最终文件：随书资源 \ 源文件 \06\ 在图像背景中添加图案 .psd

1 打开原始文件"03.jpg"，创建"色相 / 饱和度 1"调整图层，在打开的面板中选择"全图"，设置"饱和度"为 +39，如图 6-69 所示，选择"红色"选项，设置"饱和度"为 +30，如图 6-70 所示。

图 6-69　　　　　　　　　图 6-70

2 选择"黄色"选项，设置"饱和度"为 +5，如图 6-71 所示，选择"绿色"选项，设置"饱和度"为 +31，如图 6-72 所示。

图 6-71　　　　　　　　　图 6-72

3 继续在"属性"面板中将颜色选择为"蓝色"，并设置"饱和度"为 +41，设置后在图像窗口中查看应用"色相/饱和度"调整后的效果，如图 6-73 所示。

图 6-73

4 创建"色阶 1"调整图层，打开"属性"面板，输入色阶值为 10、1.00、228，调整图像颜色，如图 6-74 所示。

图 6-74

5 盖印可见图层，按下快捷键 Ctrl+Alt+4，载入暗部区域图像，按下快捷键 Ctrl+J，复制选区内的图像，设置图层混合模式为"叠加"、"不透明度"为 20%，如图 6-75 所示。

图 6-75

图 6-79

6 打开原始文件 "04.jpg"，执行 "编辑 > 定义图案" 菜单命令，在打开的 "图案名称" 对话框中输入名称 "天空"，定义图案，如图 6-76 所示。

10 按下快捷键 Ctrl+Shift+Alt+E，盖印可见图层，得到 "图层 4" 图层，再单击 "添加图层蒙版" 按钮 ，如图 6-80 所示，为 "图层 4" 图层添加图层蒙版，如图 6-81 所示。

图 6-76

图 6-80　　　　　　　　　图 6-81

7 返回至 03.jpg 图像中，选择 "图案图章工具"，在其选项栏中打开 "图案" 拾色器，选择自定义的图案，新建 "图层 3" 图层，在图像下方进行涂抹，如图 6-77 所示。

11 选择 "渐变工具"，单击 "前景色到背景色渐变"，在图像中拖曳鼠标填充线性渐变效果，设置混合模式为 "叠加"、"不透明度" 为 30%，如图 6-82 所示。

图 6-77

图 6-82

8 隐藏新建的 "图层 3" 图层，选择 "图层 1" 图层，使用 "快速选择工具" 在天空区域单击，创建选区，如图 6-78 所示。

12 再次盖印图层，得到新图层后为其添加蒙版。选择 "渐变工具"，单击 "前景色到背景色渐变"，在图像中拖曳鼠标填充径向渐变效果，设置混合模式为 "叠加"、"不透明度" 为 30%，如图 6-83 所示。

图 6-78

9 单击 "图层 3" 图层前的 "指示图层可见性" 按钮 ，显示隐藏的 "图层 3" 图层，单击 "图层" 面板底部的添加图层蒙版按钮，添加图层蒙版，如图 6-79 所示。

图 6-83

实例 4 **模糊图像背景突出主体**

将画面中的一部分图像进行模糊处理，可将人们的视线集中在需要表现的主体对象上。利用 Photoshop CC 中的"模糊"滤镜和模糊工具可以对图像进行适当的模糊处理，展现出主次分明的画面效果。

原始文件：随书资源 \ 素材 \06\05.jpg

最终文件：随书资源 \ 源文件 \06\ 模糊图像背景突出主体 .psd

1 打开原始文件，在"图层"面板中，将"背景"图层拖曳至"创建新图层"按钮 上，然后释放鼠标，复制图层，得到"背景拷贝"图层，如图 6-84 所示，使用"快速选择工具"单击图像中的人物部分，创建选区，如图 6-85 所示。

图 6-84

图 6-85

2 按下快捷键 Shift+F6，打开"羽化选区"对话框，设置"羽化半径"为 2 像素，如图 6-86 所示，单击"确定"按钮，羽化选区，如图 6-87 所示。

图 6-86

图 6-87

3 按下快捷键 Ctrl+Shift+I，反选选区，如图 6-88 所示。按下快捷键 Ctrl+J，复制选区内的图像，创建"图层 1"图层，在图像窗口中查看复制的图像，如图 6-89 所示。

图 6-88

图 6-89

4 执行"滤镜 > 模糊 > 镜头模糊"菜单命令，如图 6-90 所示，打开"镜头模糊"对话框，设置形状为六边形、半径为 10、叶片弯度为 26、旋转为 70，如图 6-91 所示。

图 6-90

图 6-91

5 在图像窗口中查看模糊后的画面，如图 6-92 所示，复制"图层 1"图层，得到"图层 1 拷贝"图层，如图 6-93 所示。

图 6-92

图 6-93

6 执行"滤镜 > 模糊 > 镜头模糊"菜单命令，打开"镜头模糊"对话框，设置形状为六边形、半径为 17、叶片弯度为 26、旋转为 70，如图 6-94 所示。设置完成后，单击"确定"按钮，进一步模糊图像，效果如图 6-95 所示。

笔工具"，设置前景色为黑色，运用画笔再次编辑图层蒙版，还原不需要模糊的图像，如图 6-96 所示。按下快捷键 Ctrl+Shift+Alt+E，盖印图像，创建"图层 2"图层，选择"模糊工具"，设置"强度"为 25%，在画面中涂抹，适当对局部进行模糊，如图 6-97 所示。

图 6-94

图 6-95

图 6-96

图 6-97

7 选择"图层 1 拷贝"图层，单击"添加图层蒙版"按钮，添加蒙版。选择"渐变工具"，从图像下方开始往上拖曳鼠标，填充渐变。再选择"画

实例5　增加图像的明暗对比

强烈的色彩和明暗对比可以使图像中的景色表现得更加迷人，利用 Photoshop 中的加深或减淡工具可以对图像的明暗对比进行修饰，打造色彩饱满的画面效果。

原始文件：随书资源 \ 素材 \06\06.jpg

最终文件：随书资源 \ 源文件 \06\ 增加图像的明暗对比 .psd

1 打开原始文件，复制"背景"图层，设置图层混合模式为"正片叠底"、"不透明度"为 50%，如图 6-98 所示。

图 6-98

2 按下快捷键 Ctrl+Shift+Alt+E，盖印图层，得到"图层 1"图层。选择"减淡工具"，在选项栏中设置"范围"为"高光"、"曝光度"为 20%，在靠近光源的位置涂抹，增加光晕，如图 6-99 所示。

图 6-99

▼ 技巧提示：保护色调

对图像进行加深或减淡处理时，勾选"保护色调"复选框，可以在加深或减淡图像时，保护图像的基本色调。

3 执行"图层 > 复制图层"菜单命令,复制图层,得到"图层1拷贝"图层,单击工具箱中的"加深工具"按钮 ◔,在选项栏中设置"范围"为"中间调"、"曝光度"为 40%,在图像上涂抹,加深中间调部分,如图 6-100 所示。

图 6-100

4 单击"调整"面板中的"色相 / 饱和度"按钮 ▣,新建"色相 / 饱和度 1"调整图层,然后在打开的面板中选择"全图"选项,设置"饱和度"为 +25,如图 6-101 所示。选择"青色"选项,设置饱和度为 +5,如图 6-102 所示。

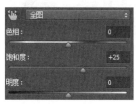

图 6-101   图 6-102

5 继续在"属性"面板中设置选项。选择"蓝色",设置饱和度为 +2,设置后可在图像窗口中查看效果,如图 6-103 所示。

图 6-103

6 创建"曲线 1"调整图层,在打开的"属性"面板中单击并拖曳鼠标,调整曲线形状,通过设置进一步增加图像的对比效果,如图 6-104 所示。

图 6-104

7 盖印图层,执行"滤镜 > 杂色 > 减少杂色"菜单命令,在打开的"减少杂色"对话框中设置各项参数,去除画面中的噪点,如图 6-105 所示。

图 6-105

8 执行"选择 > 色彩范围"菜单命令,打开"色彩范围"对话框,在对话框中设置选择范围,创建不规则选区,如图 6-106 所示。

图 6-106

9 创建"色彩平衡 1"调整图层,选中"中间调"选项,设置颜色值为 -27、-55、+18,进一步修饰选区颜色,如图 6-107 所示。

图 6-107

10 单击工具箱中的"设置前景色"按钮,打开"拾色器(前景色)"对话框,在对话框中设置颜色值为 R10、G57、B185,单击"确定"按钮,如图 6-108 所示。

图 6-108

11 选择"渐变工具",单击选项栏中的"点按可编辑渐变"按钮,在展开的面板中单击"前景色到透明渐变",如图 6-109 所示。

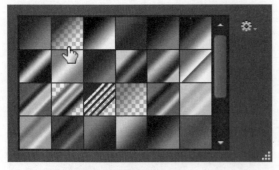

图 6-109

图 6-110

13 设置背景颜色为 R229、G229、B229,执行"图像 > 画布大小"菜单命令,打开"画布大小"对话框,在对话框中设置宽度为 11.85 厘米、高度为 9.5 厘米,然后单击"确定"按钮,扩展画布,再在图像上添加合适的文字,如图 6-111 所示。

▼ 技巧提示:利用"颜色"面板设置颜色

　　执行"窗口 > 颜色"菜单命令,在打开的"颜色"面板中,单击并拖曳色块,即可快速调整前景色或背景色。

12 在"图层"面板中新建"图层 3"图层,使用"渐变工具"从图像上方向下拖曳,填充渐变效果,如图 6-110 所示。

图 6-111

实例6　仿制图像打造可爱双生子效果

　　对画面中的人物进行复制,可以增强画面内容的丰富度。利用"仿制图章工具"对图像进行仿制操作后,再通过调整颜色并添加文字,即可得到可爱的双生子图像效果。

原始文件:随书资源 \ 素材 \06\07.jpg
最终文件:随书资源 \ 源文件 \06\ 仿制图像打造可爱双生子效果 .psd

1 打开原始文件,单击"创建新图层"按钮 ,新建"图层 1"图层,选中"仿制图章工具",按下 Alt 键不放,并单击取样图像,如图 6-112 所示。

图 6-113

图 6-112

2 在选项栏中设置样本为"所有图层",然后在画面右侧单击并拖曳鼠标,进行图像的仿制操作,如图 6-113 所示。

▼ 技巧提示:设置仿制范围

　　使用"仿制图章工具"仿制图像时,若设置范围为当前图层,则只会在当前图层中进行仿制。

3 执行"编辑 > 变换 > 水平翻转"菜单命令，翻转图像，单击"添加图层蒙版"按钮，为"图层 1"添加图层蒙版，再使用"画笔工具"在蒙版中涂抹，隐藏多余的图像，如图 6-114 所示。

图 6-114

4 按下快捷键 Ctrl+Shift+Alt+E，盖印图层，设置图层混合模式为"正片叠底"、"不透明度"为 50%，如图 6-115 所示。

5 设置前景色为 R210、G128、B85，选择"渐变工具"，单击选项栏中的"点按可编辑渐变"按钮，在展开的面板中单击"前景色到透明渐变"，如图 6-116 所示。

图 6-115　　　　图 6-116

6 创建新图层，设置图层混合模式为"颜色"，使用"渐变工具"从图像上方向下拖曳，填充渐变效果，如图 6-117 所示。

图 6-117

7 按下快捷键 Ctrl+J，复制图层，得到"图层 3 拷贝"图层，并设置图层混合模式为"滤色"、"不透明度"为 50%，进一步修饰图像颜色，如图 6-118 所示。

图 6-118

8 单击"调整"面板中的"色彩平衡"按钮，新建"色彩平衡 1"调整图层，在打开的"属性"面板中设置"阴影"颜色为 +17、-7、-5，如图 6-119 所示，"中间调"颜色为 +53、+65、+85，如图 6-120 所示。

图 6-119　　　　图 6-120

9 按下快捷键 Ctrl+Shift+Alt+E，盖印可见图层。按下快捷键 Ctrl+Alt+3，载入图像选区。按下快捷键 Ctrl+J，复制选区内的图像，设置图层混合模式为"正片叠底"、"不透明度"为 40%。载入"文字"笔刷，然后选择载入的文字笔刷，再创建一个新图层，在两个人物图像中间位置单击，添加文字图案，最终效果如图 6-121 所示。

图 6-121

6.4 本章小结

在打开图像以后，经常会在图像中发现或多或少的瑕疵，因此掌握一些必要的瑕疵修复与修饰技巧是很必要的。本章主要针对图像的修复和修饰技巧进行讲解，包括常用的图像修复工具介绍、图像仿制修复以及图像修饰工具等内容。读者通过学习本章内容，可以快速掌握修饰图像瑕疵和美化修饰图像的方法和技巧，使处理的图像达到更加完美的效果。

6.5 思考与练习

1. 填空题

（1）Photoshop CC 中常用的图像修复工具有 _____、_____、_____、_____、_____ 和 "仿制图章工具"。

（2）使用 "海绵工具" 修饰图像时，选择 _____ 模式可以增加图像的颜色饱和度，选择 _____ 模式可以降低图像的颜色饱和度。

（3）"加深 / 减淡工具" 可以分别对 _____、_____ 和 _____ 区别应用加深或减淡处理。

2. 问答题

（1）"修补工具" 中的 "源" 与 "目标" 的主要区别是什么？

（2）使用 "仿制图章工具" 修复图像时需要对图像进行怎样的取样？

（3）"内容感知移动工具" 选项栏中的 "投影时变换" 复选框有什么作用？

3. 上机题

（1）打开随书资源 \ 上机题 \ 素材 \06\01.jpg，如图 6-122 所示，运用图像修复工具去除图像中多余的人物，去除后的图像效果如图 6-123 所示。

图 6-122   图 6-123

（2）打开随书资源 \ 上机题 \ 素材 \06\02.jpg，如图 6-124 所示，利用图像修饰工具对图像进行修饰，打造更有层次感的图像，最终效果如图 6-125 所示。

图 6-124   图 6-125

第7章

矢量图形的创建和编辑

运用 Photoshop CC 提供的图形绘制工具可以创建出任意形态的矢量图形，包括规则的几何图形以及其他形态的图形。创建路径后还可以结合路径编辑工具对路径做进一步处理，制作出各种漂亮的艺术图形效果。

7.1 创建矢量图形

在 Photoshop CC 中，可以利用多种图形工具创建出任意的矢量路径组成的图形，也可以选择预设的各种形态直接进行绘制，然后对绘制的图形填充颜色、添加样式等，结合工具选项栏中的各个选项可以控制绘制效果。

7.1.1 钢笔工具

使用"钢笔工具"可绘制出任意形态的路径效果。选择"钢笔工具"后，单击画面添加锚点，再将两个锚点直接以直线或曲线连接，即可组合成图形。利用"钢笔工具"选项栏的选项还可以对路径的形态、组合方式等进行调整。

1 设置路径绘制模式

"钢笔工具"选项栏中有用于绘制模式时的选项，包括"形状""路径""像素"3种。若选择"形状"选项，可将创建的路径通过形状图层表现出来，同时绘制的路径将自动被前景色填充，如图 7-1 所示。若选择"路径"选项，将只生成工作路径，如图 7-2 所示，而"像素"选项只有在选择规则图形工具时才可用。

图 7-1

图 7-2

2 调整几何选项

在运用"钢笔工具"绘制路径时，通过勾选"橡皮带"复选框，可以在绘制时显示出外延线条效果。选中"钢笔工具"，单击选项栏中的"几

何体选项"按钮，在下方弹出"橡皮带"复选框，勾选"橡皮带"复选框，选中橡皮带功能。如图 7-3 和图 7-4 所示分别为勾选该复选框和取消勾选时所绘制的路径效果。

图 7-3

图 7-4

3 自动添加/删除

勾选"自动添加/删除"复选框后，使用"钢笔工具"绘制路径时将会自动在路径上添加或删除锚点，在画面中绘制一条曲线路径，将鼠标移至已绘制的锚点上，此时光标下方将会显示"-"号，表示可删除该锚点，如图 7-5 所示。将鼠标移至路径上，将会在光标下方显示"+"号，表示可添加锚点，如图 7-6 所示。

图 7-5

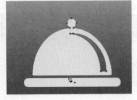

图 7-6

4 多种路径组合方式

在绘制路径时，可以利用"路径操作"按钮对路径的组合方式进行设置。单击选项栏中的"路径操作"按钮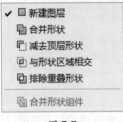，在打开的面板中即可选择各种不同的操作方式，对路径进行组合设置，

图 7-7

如图 7-7 所示，选择不同组合方式绘制出的图形效果，如图 7-8、7-9、7-10 和 7-11 所示。

图 7-8

图 7-9

图 7-10

图 7-11

> 📖 **知识补充**
>
> 在使用"钢笔工具"时，直接单击可将两点之间以直线连接；单击时按下鼠标拖曳，则可出现用于控制曲线的方向手柄，此时拖曳可创建曲线路径。

7.1.2 自由钢笔工具

使用"自由钢笔工具"时可通过鼠标的移动轨迹绘制路径。在绘制简洁形态的图形时，无需确定锚点的位置。使用"自由钢笔工具"在图像中拖曳，即可创建出路径形态，得到各种艺术图形。

应用"自由钢笔工具"绘制图案时，勾选选项栏中的"磁性的"复选框后，这样可以模仿"磁性套索工具"功能，沿图像轮廓边缘拖曳就会自动创建路径。打开一幅图像，如图 7-12 所示，勾选"磁性的"复选框，沿图像进行拖曳，如图 7-13 所示，绘制的图形效果如图 7-14 所示。

图 7-12

图 7-13

图 7-14

7.1.3 矩形工具

使用"矩形工具"可以绘制出矩形路径或形状。使用方法与"矩形选框工具"相同。选择"矩形工具"后，单击选项栏中的"几何体选项"按钮，将会打开"矩形选项"面板，在面板中可以选择绘制矩形的方式。

1 绘制任意矩形

在"几何体选项"面板中，单击"不受约束"单选按钮，如图 7-15 所示。单击并拖曳鼠标，可绘制任意大小的矩形，如图 7-16 所示。

图 7-19　　　　　图 7-20

4 以特殊比例绘制

在"几何体选项"面板中，单击"比例"单选按钮，然后在后方的文本框中输入数值，如图 7-21 所示，单击并拖曳鼠标，则可按一定比例绘制矩形，如图 7-22 所示。

图 7-15　　　　　图 7-16

2 绘制方形

在"几何体选项"面板中，单击"方形"单选按钮，如图 7-17 所示，然后在图像中单击并拖曳鼠标，可以绘制出方形效果，如图 7-18 所示。

图 7-21　　　　　图 7-22

5 从中心绘制

单击"几何体选项"面板中的"从中心"复选框，此时在图像上进行绘制可以得到从中心绘制的图形，如图 7-23 所示。选择"方形"后，从中心可以绘制出不同大小的方形图案，效果如图 7-24 所示。

图 7-17　　　　　图 7-18

3 以固定大小绘制

在"几何体选项"面板中，单击"固定大小"单选按钮，在后方的文本框中输入"宽度"和"高度"值，如图 7-19 所示，单击并拖曳鼠标，可绘制固定大小的矩形，如图 7-20 所示。

图 7-23　　　　　图 7-24

> 📖 **知识补充**
>
> 　　若不勾选"从中心"复选框，在使用"矩形工具"创建矩形时，一边按住快捷键 Shift+Alt 一边进行拖曳，也可以矩形中心点为起点进行绘制。

7.1.4 圆角矩形工具

　　使用"圆角矩形工具"可以绘制带有平滑转角的矩形。在其选项栏中可通过"半径"选项对圆角的半径进行设置，设置的"半径"值越大，所绘制的圆角矩形弧度就越大。

　　打开如图 7-25 所示的素材图像，单击"圆角矩形工具"选项栏中的"几何体选项"按钮 ，若在打开的面板中设置"半径"为 10 像素，绘制的圆角矩形如图 7-26 所示。若设置"半径"为 100 像素，绘制的圆角矩形如图 7-27 所示。

图 7-25 图 7-26 图 7-27

📖 知识补充

在"圆角矩形工具"选项栏中可以将不同大小的半径值设置为调整路径形态，可设置的半径值为 0 到 1000 像素之间的任意数值，当设置为 0 时，则绘制出的图形为矩形。

7.1.5 椭圆工具

使用"椭圆工具"可以绘制椭圆形或正圆形。单击工具箱中的"椭圆工具"按钮 ，在图像中单击并拖曳即可绘制椭圆形。使用"椭圆工具"绘制图形时，按住 Shift 键再进行绘制，可以得到正圆形效果。

绘制椭圆时，既可以在一个画面中绘制出单一的椭圆效果，也可以通过选择"路径操作"选项，将多个圆形加以组合，得到简单的卡通形态效果。打开一幅图像，如图 7-28 所示，在图像中绘制一个和多个圆形后的效果如图 7-29 和图 7-30 所示。

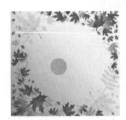

图 7-28 图 7-29 图 7-30

📖 知识补充

在"椭圆工具"中的"几何体选项"面板中单击选中"圆（绘制直线或半径）"单选按钮后，再使用"椭圆工具"绘制出的图形即为正圆形。

7.1.6 多边形工具

"多边形工具"可以绘制出具有多条边的图形，在绘制时只需要在选项栏中对"边数"数值进行设置，即可控制所绘制的多边形的边数。单击"多边形工具"选项栏中的"几何体选项"按钮，打开"几何体选项"面板，在面板中可设置"半径""平滑拐角""星形"等选项。

1 平滑拐角

勾选"几何体选项"面板中的"平滑拐角"复选框，可绘制出拐角平滑的多边形图案。设置多边形"边数"为 6 时，绘制的多边形效果如图 7-31 所示；勾选"平滑拐角"复选框时，绘制出的多边形效果如图 7-32 所示。

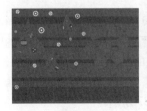
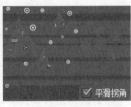

图 7-31 图 7-32

2 缩进边依据

勾选"几何体选项"面板中的"缩进边依据"复选框，可设置星形缩进边的百分比，设置的参数值越大，所绘制的星形边角就越长，如图 7-33 和图 7-34 所示分别是以不同"缩进边依据"值所绘制的星形效果。

图 7-33　　　　　　图 7-34

3 平滑缩进

"平滑缩进"选项用于设置星形的内陷呈平滑效果。在"多边形选项"面板中勾选"星形"复选框，再勾选"平滑缩进"复选框，如图 7-35 所示，绘制出的图形效果如图 7-36 所示。

 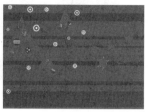

图 7-35　　　　　　图 7-36

7.1.7 直线工具

利用"直线工具"可以绘制出任意长短的直线段，也可以在直线上添加箭头效果。在工具箱中选择"直线工具"后，利用选项栏中的"粗细"选项可设置直线的宽度。单击"几何体选项"按钮，还可以在直线的起点或终点上添加箭头效果。

1 起点/终点添加箭头

"起点"和"终点"复选框用于设置箭头的所选位置是起点还是终点。选择"直线工具"后，在选项栏中设置"粗细"为 10 像素，然后在图像中绘制直线。勾选"起点"复选框，如图 7-37 所示，在直线的起点位置会出现箭头；当同时勾选"终点"和"起点"复选框，会在直线的两端都添加上箭头效果，如图 7-38 所示。

2 以不同的凹度绘制

利用"凹度"选项可以调整箭头的凹陷效果，可输入参数值为 -50% ～ 50%。当设置"宽度"和"长度"为 1000% 时，"凹度"为 0%，如图 7-39 所示；使用"直线工具"绘制出的图形如图 7-40 所示；当设置"凹度"为 50% 时，绘制出的图形效果如图 7-41 所示。

 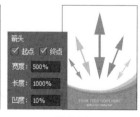

图 7-37　　　　　　图 7-38

图 7-39　　　　图 7-40　　　　图 7-41

📖 知识补充

使用"直线工具"绘制直线时，若按住 Shift 键进行绘制，可以绘制出水平、垂直或者以 45° 倾斜的直线。

7.1.8 自定形状工具

使用"自定形状工具"可直接绘制 Photoshop CC 提供的多种预设图形形状，还可以将各种路径存储为形状，或将下载的形状载入并用于图形的绘制。

对于自定图形的绘制，在选择"自定形状工具"后，单击"点按可打开'自定形状'拾色器"按钮，打开"形状"拾色器，在其中即可选择要绘制的图形形状。打开如图 7-42 所示的素材图像，在"形状"拾色器中选取"会话 3"形状，如图 7-43 所示，在图像中绘制图形并添加文字，得到如图 7-44 所示的效果。

图 7-42

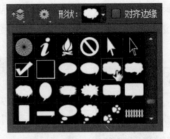

图 7-43

图 7-44

7.2 路径的移动和编辑

利用 Photoshop CC 提供的图形绘制工具创建路径或形状后，还可以结合各种路径编辑工具对路径进行更深入的编辑与设置，例如在路径中添加或删除锚点、转换路径点、选择路径并对路径锚点进行移动等。

7.2.1 路径选择工具

"路径选择工具"可选中路径并对路径进行移动、调整、对齐、组合等编辑。绘制了多条路径时，使用"路径选择工具"可以选中其中一条路径进行调整，也可以同时选取多条路径进行调整。

选择了多条路径后，在基本内容栏中可以为路径设置不同的组合方式，即把多条路径组合成为一条路径。使用"路径选择工具"选取多条路径，如图 7-45 所示。单击选项栏中的"路径操作"按钮，再单击"合并形状组件"选项，如图 7-46 所示，即可将其组合为一条工作路径，效果如图 7-47 所示。

图 7-45

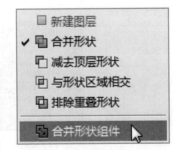

图 7-46

图 7-47

7.2.2 直接选择工具

使用"直接选择工具"可选择路径上的一个或多个锚点，在选中锚点后可以对锚点的位置进行移动调整，以编辑出不同的路径形状。在路径中使用"直接选择工具"单击锚点时，所选中的锚点将会以实心点显示，而其他未选中的锚点将会以空心点显示。如图 7-48 所示为绘制的图形效果，使用"直接选择工具"在路径锚点上单击，选中锚点并进行拖曳，如图 7-49 所示，反复拖曳路径上的锚点，可以调整图形的外形轮廓，效果如图 7-50 所示。

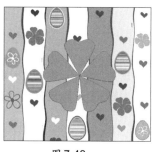

图 7-48

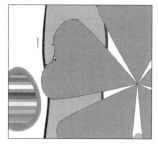

图 7-49

图 7-50

7.2.3 添加 / 删除锚点

创建了路径或形状图层后,可以使用"添加锚点工具"和"删除锚点工具"在路径上添加或删除锚点,以调整路径形态。使用"添加锚点工具"在路径上单击,可添加锚点;使用"删除锚点工具"在路径上的锚点上单击,可删除锚点。

1 添加锚点

单击工具箱中的"添加锚点工具"按钮 ,并将鼠标移至路径上需要添加锚点的位置,如图 7-51 所示。单击即可添加一个锚点,如图 7-52 所示。添加锚点后将不会影响到路径的形态,需要调整锚点时,拖曳控制手柄即可。

2 删除路径中的锚点

单击工具箱中的"删除锚点工具"按钮 后,将鼠标移到路径的锚点上,如图 7-53 所示,单击即可删除该位置的锚点,如图 7-54 所示。删除锚点后图像将会调整路径的形态。

图 7-51

图 7-52

图 7-53

图 7-54

7.2.4 转换点工具

使用"转换点工具"可以将锚点转换为直角点或曲线点,从而改变锚点,控制路径的形态。在直线锚点上单击并拖曳,可将锚点转换为带有控制手柄的曲线锚点,在曲线锚点上单击,则可以将锚点转换为带有控制手柄的直线描点。

对路径的锚点进行转换前,先使用"直接选择工具"选中画面中的工作路径,再单击"转换点工具"按钮 ,然后在锚点上单击并拖曳,如图 7-55 所示。通过反复调整锚点,如图 7-56 所示,将得到新的路径状态,如图 7-57 所示。

图 7-55

图 7-56

图 7-57

7.3 "路径"面板的应用

在 Photoshop CC 中，所有创建的路径都可以在"路径"面板中显示出来，利用"路径"面板可以查看工作路径、矢量蒙版路径和存储工作路径等。除此之外，使用"路径"面板还可以对创建的工作路径进行填充、描边等操作。

7.3.1 认识"路径"面板

在图像中创建路径时，系统会自动将创建的路径以"工作路径"为名称保存到"路径"面板中，并且为便于选择和修改路径，还可以重新对路径进行设置。执行"窗口 > 路径"菜单命令，即可打开隐藏的"路径"面板。

1 将路径作为选区载入

在图像中创建工作路径后，可以将该路径作为选区载入。先选中路径，如图 7-58 所示，然后单击"路径"面板中的"将路径作为选区载入"按钮，如图 7-59 所示，单击按钮后即可将路径载入到选区中，如图 7-60 所示。

图 7-58

图 7-59

图 7-60

2 从选区生成工作路径

使用选区工具在图像中创建选区后，可将创建的选区生成为工作路径。如图 7-61 所示，先使用"椭圆选框工具"在图像中绘制椭圆选区，然后单击"路径"面板中的"从选区生成工作路径"按钮，如图 7-62 所示，单击按钮后选区将转换为工作路径，如图 7-63 所示。

图 7-61

图 7-62

图 7-63

3 创建新路径

使用"路径"面板可以快速创建新的工作路径，单击面板底部的"创建新路径"按钮，即可创建新的空白路径，如图 7-64 所示。若此时将"工作路径"拖曳至"创建新路径"按钮上，如图 7-65 所示，则可以将"工作路径"转换为"路径 1"，如图 7-66 所示。

图 7-64

图 7-65

图 7-66

4 删除工作路径

当不再需要路径时，可以将路径删除。选中"路径"面板中的工作路径，如图 7-67 所示，单击面板底部的"删除当前路径"按钮，打开"警示"对话框，此时单击"是"按钮，如图 7-68 所示，将选中的路径删除，如图 7-69 所示。

图 7-67

图 7-68

图 7-69

7.3.2　将路径转换为选区

在 Photoshop CC 中创建的任何路径都可以建立为选区。既可以通过单击"路径"面板中的"将路径作为选区载入"按钮将路径快速载入为选区，也可以通过执行"建立选区"命令将路径转换为选区，并通过对话框来调整选区范围以及选区的操作方式等。

利用"建立选区"命令不仅可以载入选区，还可以对选区进行羽化设置。单击"路径"面板右上角的扩展按钮，在打开的面板菜单中执行"建立选区"命令，打开"建立选区"对话框，如图 7-70 所示。建立选区前后的图像对比效果如图 7-71 和图 7-72 所示。

图 7-70

图 7-71

图 7-72

7.3.3　填充路径

路径不但可以使用前景色进行填充，还可以使用各种图案进行填充。在填充路径时，先在"路径"面板中选中需要填充的工作路径，然后单击面板右上角的扩展按钮，在打开的面板菜单下执行"填充路径"菜单命令，即可打开"填充路径"对话框。在对话框中可对填充路径的内容、模式以及不透明度进行设置。

1 指定填充内容

在"填充路径"对话框中，通过"内容"选项可以设置用于填充路径的内容。单击"内容"选项右侧的下拉按钮，在打开的下拉列表中可以选择填充方式，如图 7-73 所示，当选择"前景色"和"图案"填充方式时，填充路径后的效果分别如图 7-74 和图 7-75 所示。

图 7-73

图 7-74

图 7-75

2 羽化填充区域

利用"填充路径"对话框中的"羽化"选项可以设置羽化路径边缘的填充效果，设置的参数值越大，所填充的路径边缘就越柔和，如图 7-76 和图 7-77 所示。

图 7-76

图 7-77

📖 **知识补充**

"填充路径"对话框中提供了一个"消除锯齿"复选框，勾选此复选框可以平滑填充路径的边缘，避免边缘出现较明显的锯齿。

7.3.4　描边路径

利用"描边路径"命令可以绘制路径的边框，即沿路径边缘创建绘画描边效果。在 Photoshop CC 中可以通过设置画笔的形态来改变路径描边的效果，也可以通过在"描边路径"对话框中选择不同的工具来对路径进行描边。

在对路径进行描边设置时，先单击"路径"面板右上角的扩展按钮 ▤，在打开的面板菜单下执行"描边路径"命令，打开"描边路径"对话框，如图 7-78 所示，在对话框中选择用于描边的工具，如图 7-79 和图 7-80 所示分别为描边前后的路径效果。

图 7-78

图 7-79

图 7-80

 实例 1　**绘制可爱的卡通图形**

将简单的圆形图案以不同的大小进行组合，就可以得到各种可爱的卡通形象，下面就是利用"椭圆工具"绘制出的一个非常卡通的兔子图案。

原始文件：无

最终文件：随书资源 \ 源文件 \07\ 绘制可爱的卡通图形 .psd

1 执行"文件 > 新建"菜单命令，打开"新建"对话框，在对话框中设置新建图像的名称、宽度、高度等，如图 7-81 所示。单击"确定"按钮，创建一个新文件。

图 7-81

2 执行"窗口 > 颜色"菜单命令，打开"颜色"面板，单击并拖曳面板中的滑块，将前景色设置为 R248、G192、B217，如图 7-82 所示。

3 单击"图层"面板底部的"创建新图层"按钮 ▣，新建"图层 1"图层，按下快捷键 Alt+Delete，填充图像，如图 7-83 所示。

图 7-82

图 7-83

4 单击工具箱中的"椭圆工具"按钮 ●，将前景色设置为白色，并在选项栏中选择"形状"选项，然后绘制一个白色圆形，如图 7-84 所示。绘制后可以运用同样的方法在白色矩形中添加更多的圆形，组合成一个图案，如图 7-85 所示。

图 7-84

图 7-85

5 继续使用"椭圆工具"在图像中绘制椭圆图形，如图 **7-86** 所示。绘制后单击选项栏中的"路径操作"按钮█，在打开的列表下执行"排除重叠形状"选项，如图 **7-87** 所示。然后在绘制的椭圆中单击并拖曳鼠标，绘制一个稍小的圆形，得到可爱的耳朵图案。

图 7-86　　　　　图 7-87

6 按下快捷键 **Ctrl+T**，打开自由变换工具，旋转图形，如图 **7-88** 所示。然后使用"直接选择工具"单击选中路径，然后调整路径中的锚点，使耳朵更加形象化，如图 **7-89** 所示。

图 7-88　　　　　图 7-89

7 选择调整形态后的耳朵图形，按下快捷键 **Ctrl+J**，复制图层，如图 **7-90** 所示。结合"变换"命令，对复制的图像进行调整，得到另一个耳朵图案。

图 7-90

8 设置前景色为 **R99**、**G1**、**B4**。然后使用"椭圆工具"绘制一个正圆形，如图 **7-91** 所示，单击选项栏中的"路径操作"按钮█，执行"减去顶层形状"选项，单击并拖曳鼠标，绘制圆形，如图 **7-92** 所示。

图 7-91　　　　　图 7-92

9 使用"钢笔工具"在图像中绘制路径，打开"路径"面板，单击"将路径作为选区载入"按钮，载入选区，并将其颜色填充为 R237、G27、B36，如图 **7-93** 所示。

图 7-93

10 隐藏"背景"及"图层 1"图层，按下快捷键 **Ctrl+Shift+Alt+E**，盖印可见图层，盖印后，可查看到绘制的可爱的兔子形象，如图 **7-94** 所示。

11 执行"编辑 > 变换路径 > 水平翻转"菜单命令，翻转图像，按下快捷键 **Ctrl+T**，打开自由变换工具，调整图像的大小和位置，并取消隐藏"背景"及"图层 1"图层，如图 **7-95** 所示。

图 7-94　　　　　图 7-95

12 单击工具箱中的"椭圆工具"按钮█，在图像中绘制两个圆形，然后选中对应的形状图层，将图层复制并适当降低不透明度后，移至画面左下角，如图 **7-96** 所示。

图 7-96

适的形状，然后在画面中单击并拖曳鼠标，添加雪花，最后运用文字工具添加文字修饰图像，如图 7-97 所示。

13 选中"自定形状工具"，单击"形状"右侧的下拉按钮，在打开的面板下选择合

图 7-97

实例 2　绘制简洁的招贴画

招贴画可以使画面变得更具视觉吸引力。本实例讲解结合"钢笔工具"和"路径"面板，绘制一幅公益广告招贴画。

原始文件：无

最终文件：随书资源 \ 源文件 \07\ 绘制简洁的招贴画 .psd

---

1 执行"文件 > 新建"菜单命令，打开"新建"对话框，在对话框中设置新建文件的名称及大小后，如图 7-98 所示，单击"确定"按钮，新建文件。

图 7-98

2 设置前景色为 R216、G223、B32，如图 7-99 所示，新建图层，按下快捷键 Alt+Delete，填充图像，如图 7-100 所示。

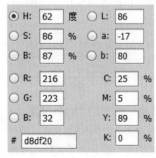

图 7-99

图 7-100

3 单击工具箱中的"钢笔工具"按钮，在画面中绘制路径，如图 7-101 所示，打开"路径"面板，单击底部的"将路径作为选区载入"按钮，载入路径选区，如图 7-102 所示。

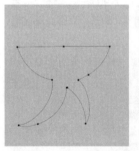

图 7-101

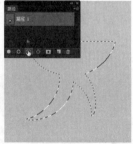

图 7-102

4 单击"图层"面板底部的"创建新图层"按钮，新建"图层 2"图层，如图 7-103 所示，设置前景色为黑色，填充路径选区，如图 7-104 所示。

图 7-103

图 7-104

5 单击工具箱中的"钢笔工具"按钮 ![钢笔], 在画面中绘制路径, 如图 7-105 所示, 按下快捷键 Ctrl+Enter, 将路径作为选区载入, 设置前景色为 R253、G242、B0, 新建图层, 按下快捷键 Alt+Delete, 将选区填充为设置的前景色效果, 如图 7-106 所示。

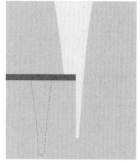

图 7-105　　　　　　图 7-106

6 继续使用同样的方法绘制更多路径, 并在将其转换为选区后, 填充上不同的颜色, 得到丰富的画面效果, 如图 7-107 所示。

7 按下 Ctrl 键不放, 同时选中画面上方绘制的彩色图形所在图层, 按下快捷键 Ctrl+Alt+E, 盖印选中图层, 如图 7-108 所示, 执行"编辑 > 变换 > 水平翻转"菜单命令, 翻转图像。

图 7-107　　　　　　图 7-108

▼ 技巧提示: 设置描边选项

使用"钢笔工具"绘制图形时, 单击"描边"选项后方的颜色块, 可以激活描边选项, 此时可以设置描边粗细及颜色等。

---

8 选中彩色图形所在图层, 按下快捷键 Ctrl+T, 打开自由变换工具, 适当调整图像的大小和位置, 如图 7-109 所示, 使画面内容更加整洁。

9 使用"钢笔工具"在画面底部绘制路径, 单击"路径"面板中的"将路径作为选区载入"按钮, 载入选区, 如图 7-110 所示。

图 7-109　　　　　　图 7-110

10 设置前景色为 R22、G19、B102, 背景色为 R1、G107、B180。选择"渐变工具", 单击"从前景色到背景色渐变", 如图 7-111 所示, 然后在选区中拖出渐变颜色, 如图 7-112 所示。

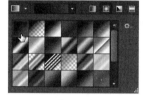

图 7-111　　　　　　图 7-112

11 继续使用"钢笔工具" ![钢笔] 在图像中绘制路径, 然后将路径转换为选区, 新建图层, 将选区填充为白色, 如图 7-113 所示。

图 7-113

12 使用"椭圆工具"在白色图形上绘制一个黑色小圆, 更改前景色为 R237、G0、B140。继续绘制红色小圆, 如图 7-114 所示。绘制完后在画面中添加文字, 如图 7-115 所示, 进一步修饰图像。

图 7-114　　　　　　图 7-115

实例3 钢笔工具精确抠取图像

将矢量图形与人物图像结合在一起，可以给人带来一种与众不同的新颖感。在 Photoshop CC 中使用"钢笔工具"可以将画面中的复杂图像精细地抠取出来，并将其替换上不同的背景，得到全新的画面效果。

> 原始文件：随书资源 \ 素材 \07\01.jpg、02.jpg
> 最终文件：随书资源 \ 源文件 \06\ 钢笔工具精细抠取图像 .psd

1 打开原始文件"01.jpg"，如图 7-116 所示，单击工具箱中的"钢笔工具"按钮，沿着人物边缘单击并拖曳鼠标，如图 7-117 所示。

图 7-116　　　　图 7-117

2 继续使用"钢笔工具"沿着人物图像绘制路径，如图 7-118 所示。完成后打开"路径"面板，查看路径形态，如图 7-119 所示。

图 7-118　　　　图 7-119

3 单击"路径"面板右上角的扩展按钮，在打开的面板菜单下执行"建立选区"命令，如图 7-120 所示。打开"建立选区"对话框，设置"羽化半径"为 1 像素，如图 7-121 所示，单击"确定"按钮。

 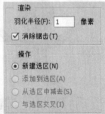

图 7-120　　　　图 7-121

4 确认后，即可将绘制的路径转换为选区效果，如图 7-122 所示，得到精确的人像选区。

5 打开原始文件"02.jpg"，使用"移动工具"把选区中的人物拖至背景图像中，如图 7-123 所示。

图 7-122　　　　图 7-123

6 在"图层"面板中选择"图层 1"图层，执行"编辑 > 变换 > 水平翻转"菜单命令，如图 7-124 所示，翻转图像。

7 按下 Ctrl 键不放，单击"图层"面板中的"图层 1"图层缩览图，将该图层中的人物载入选区，如图 7-125 所示。

图 7-125

8 单击"调整"面板中的"曲线"按钮 🎢，新建"曲线 1"调整图层，打开"属性"面板，分别设置红、绿通道中的曲线图，如图 7-126 和图 7-127 所示。

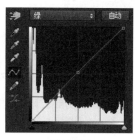

图 7-126　　　　　　图 7-127

9 继续在"属性"面板中设置曲线，如图 7-128 所示，设置后在图像窗口中查看应用"曲线"调整后的效果，如图 7-129 所示。

图 7-128　　　　　　图 7-129

10 选择"横排文字工具" T 在图像右侧绘制文本框，创建段落文本，然后打开"段落"面板，设置首行缩进为 4 点，如图 7-130 所示。

图 7-130

11 结合"横排文字工具"和"字符"面板，在画面中添加上合适的文字，如图 7-131 所示。

图 7-131

实例 4　绘制路径并填色

将各种不同形态的路径组合在一起，通过填充各种不同的颜色，可以将画面表现得大方而美观。下面就将利用"钢笔工具"绘制路径，并将不同前景色设置为路径填充颜色，制作出漂亮的矢量图效果。

原始文件：无

最终文件：随书资源 \ 源文件 \07\ 绘制路径并填色 .psd

1 执行"文件 > 新建"菜单命令，打开"新建"对话框，在对话框中设置新建文件的名称、大小等，如图 7-132 所示，然后单击"确定"按钮。

图 7-132

2 新建图层，设置前景色为 R247、G226、B186，填充图像，如图 7-133 所示。

图 7-133

3 单击工具箱中的"钢笔工具"按钮 🖊，在图像中绘制路径，如图 7-134 所示。执行"窗口 >

路径"菜单命令，打开"路径"面板，然后单击"将路径作为选区载入"按钮 ▦，载入选区，新建"图层 2"，并将选区填充为白色，如图 7-135 所示。

图 7-134　　　　　图 7-135

4 在"图层"面板中选中"图层 2"图层，设置图层混合模式为"颜色减淡"，如图 7-136 所示。

5 单击工具箱中的"钢笔工具"按钮 ✍，在选项栏中设置模式为"形状"，并调整颜色，然后在画面中绘制不规则的图形效果，如图 7-137 所示。

图 7-136　　　　　图 7-137

6 单击工具箱中的"钢笔工具"按钮 ，继续在图像中绘制路径，如图 7-138 所示。

图 7-138

7 打开"路径"面板，单击"将路径作为选区载入"按钮 ，载入选区，新建"图层 3"图层。设置前景色为 R104、G53、B50，填充选区，如图 7-139 所示。

图 7-139

8 继续使用"钢笔工具"在图像中绘制路径，打开"路径"面板，单击"将路径作为选区载入"按钮 ▦，载入选区，新建图层。设置前景色为 R104、G53、B50，填充选区，如图 7-140 所示。

图 7-140

9 继续使用同样的方法在图像中绘制更多的路径，然后在将路径转换为选区后，为其填充上不同的颜色。同时选中"图层 8"至"图层 16"图层，按下快捷键 Ctrl+Alt+E，盖印图层，并将盖印后的"图层 16（合并）"图层移至"图层 8"下方，如图 7-141 所示。

10 按下快捷键 Ctrl+T，打开自由变换工具，对图像的大小进行适当的调整，如图 7-142 所示。

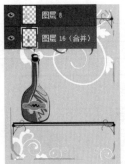 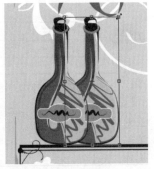

图 7-141　　　　　图 7-142

11 按下 Ctrl 键的同时单击"图层 16（合并）"图层缩览图，载入图层选区，如图 7-143 所示。设置前景色为 R172、G92、B63，新建图层，填充选区，如图 7-144 所示。

图 7-143　　　　　图 7-144

12 选择新建的图层，设置该图层的混合模式为"正片叠底"、"不透明度"为 **70%**，如图 **7-145** 所示。设置后继续使用图形绘制工具在

图像中绘制更多的矢量图案，最后在画面下方添加文字修饰版面，如图 **7-146** 所示。

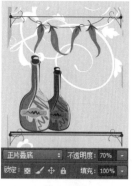
图 7-145

图 7-146

实例 5　载入形状绘制图像

　　形式多样的图形可为图像增加时尚感，同时让画面更加美观。使用 Photoshop CC 时，可以将自己下载的形状载入至"自定形状"拾色器中，然后可以选择载入的图形来绘制图像，制作浪漫的写真效果。

| 原始文件：随书资源 \ 素材 \07\03.jpg |
| 最终文件：随书资源 \ 源文件 \07\ 载入形状绘制图像 .psd |

1 打开原始文件，复制"背景"图层，设置图层混合模式为"正片叠底"、"不透明度"为 **50%**，添加蒙版，并为其填充"黑，白渐变"，如图 **7-147** 所示。调整图像，效果如图 **7-148** 所示。

图 7-147　　　　　图 7-148

2 创建"色彩平衡"调整图层，在打开的面板中分别设置青色、洋红、黄色颜色值为 **-15**、**-41**、**-34**，如图 **7-149** 所示。设置后的图像效果如图 **7-150** 所示。

图 7-149　　　　　图 7-150

3 创建"通道混合器"调整图层，并在"属性"面板中设置"红"通道颜色比例为 **+141%**、**-7%**、**0%**，如图 **7-151** 所示。设置"蓝"通道颜色比例为 **-9%**、**+28%**、**+62%**，如图 **7-152** 所示。

图 7-151　　　　　图 7-152

4 单击"通道混合器 1"图层蒙版缩览图，使用"画笔工具"在蒙版中涂抹，如图 **7-153** 所示，隐藏一部分图像，效果如图 **7-154** 所示。

图 7-153　　　　　图 7-154

5 创建"曲线 1"调整图层,在"属性"面板中单击并向上拖曳曲线。创建"照片滤镜 1"调整图层,在打开的面板中选择"红"滤镜,设置"浓度"为 **39**%,如图 **7-155** 所示。调整图像的颜色和亮度,效果如图 **7-156** 所示。

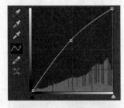

图 7-155   图 7-156

6 单击工具箱中的"透视裁剪工具"按钮 ,沿着图像绘制一个稍大的裁剪框,如图 **7-157** 所示。

图 7-157

7 按下 Enter 键,裁剪图像,扩展画布。再按下快捷键 Ctrl+Shift+Alt+E,盖印图层,得到"图层 1"图层,如图 **7-158** 所示。

图 7-158

8 按下快捷键 Ctrl+T,打开自由变换工具,适当调整盖印图像的大小,选中"椭圆选框工具",在图像中的合适位置绘制选区,如图 **7-159** 所示。

图 7-159

9 选中"图层 1"图层,单击"图层"面板底部的"添加图层蒙版"按钮 ,添加图层蒙版,如图 **7-160** 所示。

图 7-160

10 选择"自定形状工具" ,在其选项栏中打开"自定形状"拾色器,单击选择形状。设置前景色为 R239、G143、B184,然后在图像中绘制形状,如图 **7-161** 所示。

图 7-161

11 单击工具箱中的"自定形状工具"按钮,在其选项栏中打开"自定形状"拾色器,然后单击拾色器右侧的扩展按钮 ,如图 **7-162** 所示。在打开的菜单中执行"载入形状"命令,如图 **7-163** 所示。

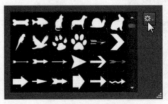

图 7-162   图 7-163

12 打开"载入"对话框，在对话框中选择要载入的形状，单击"载入"按钮，如图 **7-164** 所示。

图 7-164

13 在"形状"拾色器中选择载入的图形，将绘制方式设置为"图形"，然后在画面右侧单击并拖曳鼠标，绘制自定形状，如图 **7-165** 所示。

图 7-165

14 选择绘制的形状图层，执行"图层 > 排列 > 后移一层"菜单命令，调整图层顺序，再按下快捷键 **Ctrl+J**，复制图层，得到"形状 2 拷贝"图层，如图 **7-166** 所示。

图 7-166

15 按下快捷键 **Ctrl+T**，执行"编辑 > 变换 > 旋转"菜单命令，然后将鼠标移至编辑框

右上角，当光标变为折线箭头时，拖曳鼠标，旋转图像，如图 **7-167** 所示。

图 7-167

16 应用同样的方法将"形状 02"载入至"自定形状"拾色器中，然后使用载入的形状绘制图像，如图 **7-168**。

图 7-168

17 单击工具箱中的"矩形选框工具"按钮，在图像边缘绘制选区，如图 **7-169** 所示。

18 新建图层，设置前景色为 R239、G143、B184，填充选区，结合图形绘制工具和文字工具绘制图形修饰画面，如图 **7-170** 所示。

图 7-169　　　　　图 7-170

7.4 本章小结

　　本章介绍了矢量图形的创建与编辑，包括了运用不同的矢量工具创建图形、路径的选择、添加或删除路径描边、填充路径、描边路径等内容。绘制路径较为复杂，读者通过学习本章内容，能够了解并掌握不同工具的特性以及使用方法，在绘制图形时能根据需要选择最合适的工具进行图形绘制。

7.5 思考与练习

1. 填空题

（1）使用"矩形工具""椭圆工具"等绘制图形时，若要从中心向外绘制，需要按住 _____ 键，然后将指针放置到形状中心位置，单击并拖曳鼠标进行绘制。

（2）路径由 _____ 和 _____ 组成。

（3）使用"钢笔工具"绘制直线时需按住 _____ 键。

2. 问答题

（1）怎样可以快速栅格化图形？

（2）如何设置多边形的锐度和边数？

3. 上机题

（1）绘制矢量儿童插画，效果如图 7-171 所示。

（2）绘制时尚潮流女子插画，效果如图 7-172 所示。

图 7-171

图 7-172

（3）打开随书资源 \ 上机题 \ 素材 \07\01.jpg，如图 7-173 所示，将打开的图像抠出，使用"钢笔工具"绘制插画风格背景，合成新的图像，效果如图 7-174 所示。

图 7-173

图 7-174

文字的设置与应用

第8章

Photoshop CC 提供了完善的文字创建和编辑功能，利用多种文字工具可为图像添加任意视觉效果的文字。创建文字还可利用各种文字编辑选项更改文字属性，或对文字进行变形、沿路径排列、转换为形状等操作，通过这些高级编辑功能能够使字体效果更具设计感。

8.1 文字工具创建文字

文字能直观地传达出图像的信息，使用 Photoshop CC 为图像添加或编辑文字是非常简单和方便的。用户可根据设计需求选择适合的文字工具并在画面中创建不同的文字效果。文字工具包括"横排 / 直排文字工具""横排 / 直排文字蒙版工具"，使用这些工具就能快速完成文字的创建。

8.1.1 横排文字工具

"横排文字工具"是最常用的文字工具，可在图像中创建横向排列的文字。在工具箱中单击"横排文字工具"按钮 **T**，选择该工具后，在需要添加文字的位置单击，出现文字输入光标后输入需要的文字即可。

打开一幅素材图片，如图 8-1 所示，选择"横排文字工具"，在图像右侧空白区域确定输入起点并单击，然后输入文字，文字即自动横向排列出来，效果如图 8-2 所示。

图 8-1

图 8-2

8.1.2 直排文字工具

"直排文字工具" **IT** 可以在图像中创建垂直方向排列的直排文字，使用方法与"横排文字工具"相同，在需要添加文字的位置单击，出现输入光标后，输入需要表达的文字即可。

打开一幅图像，如图 8-3 所示，使用"横排文字工具"在画面中要输入垂直排列的文字位置单击，输入文字，效果如图 8-4 所示。

图 8-3

图 8-4

8.1.3 横排 / 直排文字蒙版工具

使用"横排文字蒙版工具" 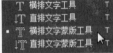 和"直排文字蒙版工具" 可以在画面中创建出横排或直排的文字选区，然后再为选区填充内容，即可展现文字。使用"横排 / 直排文字工具"在图像中单击并输入文字，输入文字呈半透明的红色蒙版效果，退出文字编辑状态后，文字将以选区的形式呈现出来。

1 横排文字选区

在"横排文字工具"的隐藏工具中单击"横排文字蒙版工具" ，如图 8-5 所示，在图像中单击并输入文字，显示蒙版效果，如图 8-6 所示，完成输入后单击工具箱中的任意工具，退出文字编辑状态，创建文字选区，效果如图 8-7 所示。

2 直排文字选区

单击"直排文字蒙版工具"按钮 ，将鼠标移至画面中的文字起始点，单击并输入文字，如图 8-8 所示，退出文字编辑状态后，创建文字选区。若需要为选区填充颜色，则按下快捷键 Alt+Delete，用设置的前景色为选区填充颜色，效果如图 8-9 所示。

图 8-5

图 8-6　　　　　　　图 8-7

图 8-8

图 8-9

8.2 字符的设置

使用文字工具创建文字后，还可以对文字的效果做进一步的编辑。在 Photoshop CC 中，设置"字符"面板中的选项能够对文字进行进一步的编辑，包括更改文字字体、大小、颜色等，还可以利用"字符样式"面板创建新的字符样式，或者存储设置的字符效果等。

8.2.1 认识"字符"面板

执行"窗口 > 字符"菜单命令，即可打开"字符"面板。可在使用文字工具创建文字前先利用"字符"面板设置文字字体、大小、行距、颜色等属性，也可以在创建文字后，利用"字符"面板对文字属性进行更改，让文字与图像版面风格更统一。

打开一张已经添加文字的素材图像，如图 8-10 所示，在"图层"面板中选中对应的文字图层，如图 8-11 所示，执行"窗口 > 字符"菜单命令，打开"字符"面板，此时面板中即显示所选文本图层中的文字的字体、大小、间距等参数，如图 8-12 所示。

图 8-10

图 8-11

图 8-12

8.2.2 添加"字符样式"

在 Photoshop CC 中，应用"字符样式"功能可以将设置后的字符属性存储为一个样式，应用到其他字符样式上，使之拥有相同的字体、大小、颜色等。字符样式的添加与设置主要在"字符样式"面板中完成，用户可以在面板中新建字符样式，也可以对字符样式进行更改。

1 添加新字符样式

执行"窗口 > 字符样式"菜单命令，打开"字符样式"面板，在面板右上角单击扩展按钮，如图 8-13 所示，在展开的菜单中执行"新建字符样式"命令，如图 8-14 所示，即可在面板中新建字符样式，如图 8-15 所示。

图 8-13

图 8-14

图 8-15

2 设置字符样式选项

在新建的字符样式上双击，可打开"字符样式选项"对话框，如图 8-16 所示，在对话框中可看到该字符样式的名称字体、大小、大小写等文字属性信息，并且可更改这些选项，确认更改后，"字符样式"面板中的显示效果如图 8-17 所示。

图 8-16

图 8-17

8.2.3 设置字体和大小

在创建文字之前可以通过文字选项栏或"字符"面板对字体和字体大小进行设置，对于图像中已经添加的文字，也可以利用"字符"面板中的选项重新调整字体和大小等。

1 更改字符字体

打开素材图像，使用"横排文字工具"在需要更改字体的文字上单击并拖曳，将其选中后，如图 8-18 所示，打开"字符"面板，单击"搜索和选择字体"下拉按钮，在展开的列表中即可选择新的字体，如图 8-19 所示，设置后得到如图 8-20 所示的文字效果。

图 8-18

图 8-19

图 8-20

2 更改字符大小

文字的大小显示效果可以通过"字符"面板中的"设置字体大小"选项来调整，用户不仅可在下拉列表中选择预设的选项，也可以直接输入数值来调整文字的大小。单击"设置字体大小"

下拉按钮，在展开的列表中选择要设置的文字大小，如图 8-21 所示，设置后即对文字应用新的大小，效果如图 8-22 所示。

📖 知识补充

除了可以在"字符"面板中设置文字的字体和大小外，在文字工具选项栏中也可以进行设置。输入文字后，先将文字选中，然后在字体选项下拉列表中选择需要的字体，即可更改文字的效果，字体下拉列表显示了电脑中安装的所有字体，打开的字体列表效果如图 8-23 所示。

图 8-21

图 8-22

图 8-23

8.2.4 更改文字颜色

输入文字时，默认情况下是以前景色作为文字颜色。若想更改文字颜色，可在输入文字前设置前景色颜色，以确定文字颜色，也可以在输入文字后，利用"字符"面板中的颜色选项，更改文字的颜色。

如图 8-24 所示，单击"字符"面板中的颜色色块，打开"拾色器（文本颜色）"对话框，在对话框中输入颜色值，如图 8-25 所示，单击"确定"按钮，可看到颜色选项后的色块更改为刚设置的颜色，如图 8-26 所示。

图 8-24

图 8-25

图 8-26

8.2.5 设置文字的排列方向

在创建文字后，可以利用"文本排列方向"选项重新调整文字的排列方向。若创建的文字为水平排列，执行"文字 > 文本排列方向 > 竖排"菜单命令，可将文字由横向排列更改为竖向排列；若创建的文字为垂直排列，则执行"文字 > 文本排列方向 > 横排"菜单命令，可将文字由竖向排列更改为横向排列。

如图 8-27 所示，在图像中输入文字，执行"文字 > 定位 > 竖排"菜单命令，如图 8-28 所示，执行菜单命令后即可看到更改排列方向后的文字效果，如图 8-29 所示。

图 8-27

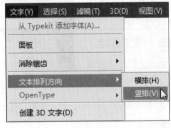

图 8-28

图 8-29

📖 知识补充

创建文字后，还可以利用选项栏中的选项按钮，快速更改文字的排列方向，先选择文字图层后，然后单击"切换文本方向"按钮 ，即可更改排列方向。

8.3 段落的调整

使用文字工具不仅可以创建单行、单列的字符，也可以创建多行的段落文本，并且可以利用"段落"面板对段落的对齐、首行缩进等样式进行调整。除此之外，还可以使用"段落样式"面板将调整后的段落效果保存为新的段落样式，便于在不同的段落中应用相同的样式效果。

8.3.1 创建段落文字

段落文本的创建可使用文字工具，在画面中单击并拖曳，绘制出一个段落文本框，在文本框内输入多行文字，排列出段落文本效果。文本框显示了文字的显示区域，创建段落文本后，使用文字工具拖曳文本框的边角点，可以调整文本框的大小，调整时文字会随着文本框大小的变化而相应地调整段落文本的排列。

选择"横排文字工具"，在打开的图像中单击并拖曳绘制出文本框，如图 8-30 所示，在文本框内输入段落文本，效果如图 8-31 所示。

图 8-30

图 8-31

8.3.2 应用"段落"面板

创建段落文字后，使用"段落"面板可以调整段落中的文字对齐方式、左右移动、首行缩进等样式。

执行"窗口 > 段落"菜单命令，即可打开"段落"面板。

创建段落文本后，打开"段落"面板，设置对齐方式为"居中对齐" ，如图 8-32 所示，单击后可看到段落文字变为居中对齐效果，如图 8-33 所示。

图 8-32

图 8-33

8.3.3 新建段落样式

设置好段落文字后，可将该段落文字属性存储下来，便于将段落样式应用于其他的段落文本。在 Photoshop CC 中，使用"段落样式"面板可以存储段落属性，执行"窗口 > 段落样式"菜单命令，在打开的"段落样式"面板中创建新的段落样式即可保存选择的段落文字属性。

选择段落文字图层后，打开"段落样式"面板，单击面板右上角的扩展按钮 ，如图 8-34 所示，在打开的菜单中选择"新建段落样式"命令，如图 8-35 所示，执行命令后即可新建段落样式，如图 8-36 所示。

图 8-34

图 8-35

图 8-36

8.4　文字的变形编辑

为了让文字显得更有新意，可以对文字进行特殊的变形设置，即利用文字的变形功能设置文字的变形样式、调整文字的排列路径、创建路径文本、将文字转换为形状图层、创建艺术字效果等。

8.4.1　变形文字

利用"变形文字"命令可对文字设置多种预设的变形样式，以产生不同的变形效果，执行"文字 > 文字变形"菜单命令，在打开的"变形文字"对话框中有扇形、弧形、拱形、贝壳、花冠等 12 种变形样式选项，还可以对变形的弯曲程度、扭曲方向进行精确的设置。

1　设置变形文字

打开素材图像，在图像中输入文字，如图 8-37 所示，执行"文字 > 文字变形"菜单命令，或单击文字工具选项栏中的"创建文字变形"按钮，打开"变形文字"对话框，在对话框中设置变形样式以及其他选项，如图 8-38 所示，设置后文字即产生变形效果，如图 8-39 所示。

图 8-37

2　更改变形样式

当为文字添加变形效果后，还可以修改变形样式。执行"文字 > 变形文字"菜单命令，再次打开"变形文字"对话框，在对话框中单击"样式"下拉按钮，在展开的下拉列表中选择其他样式选项，如图 8-40 所示，此时列表中将显示新选择的样式，如图 8-41 所示，同时文档窗口中的文字也会随之发生变化，如图 8-42 所示。

图 8-40

图 8-38

图 8-39

图 8-41

图 8-42

8.4.2　创建路径文字

使用文字工具可创建出水平或垂直方向排列的文字，若想要让文字的排列效果更加灵活，那么可以先利用"钢笔工具"绘制出随意的曲线路径，然后在路径上输入文字，使文字沿路径排列，从而创建路径文字效果。创建路径文字后，可以使用路径编辑工具调整路径形态，在更改路径形状时，路径上的文字排列也会根据路径形态的变化而变化。

使用"钢笔工具"在图像中单击并拖曳，绘制出一条弯曲的路径，如图 8-43 所示，使用"横排文字工具"在路径上单击，然后输入文字，文字即排列到路径上，产生路径文字，如图 8-44所示。

图 8-43

图 8-44

📖 知识补充

在路径上输入文字后，可利用"路径选择工具"在路径文字上调整文字的起点位置、翻转文字后沿路径的方向排列。方法是选择路径文字后，再选择"路径选择工具"，将鼠标放置到路径的起点或终点，拖曳即可改变排列的起点或终点位置，将鼠标移动到路径的中间位置，拖曳即可翻转文字，如图 8-45 所示。

图 8-45

8.4.3 文字转换为形状

利用"文字"菜单中的"转换为形状"命令，可以将文字转换为形状图层，即把文字转换为带有矢量蒙版的路径效果，转换为形状后可以利用路径编辑工具对文字的路径锚点进行编辑，从而更改文字形态，实现更灵活的文字编辑。

在图像中输入文字，如图 8-46 所示，执行"文字 > 转换为形状"菜单命令，如图 8-47 所示，即可将文字转换为矢量路径，通过"直接选择工具"在文字路径上单击选择锚点，拖曳即可更改文字形态，如图 8-48 所示。

图 8-46

图 8-47

图 8-48

8.4.4 栅格化文字图层

在图像中输入文字后，会在"图层"面板中自动创建相应的文字图层。文字图层是特殊的图层，能保留文字的基本属性信息，但文字图层在编辑时有一定的限制，例如不能填充渐变颜色、不能应用滤镜命令等，这时可将文字图层栅格化，转换为普通的像素图层，以便能对文字做更多的编辑和应用。

创建文字后，在"图层"面板中可看到文字图层，选择要栅格化的文字图层，如图 8-49 所示，执行"文字 > 栅格化文字图层"菜单命令，如图 8-50 所示，即可将文字图层转换为普通的像素图层，如图 8-51 所示。

图 8-49

图 8-50

图 8-51

实例1 为图像添加错落文字

要想让一幅图像的表达效果更完整，可以在图像中添加文字。在 Photoshop CC 中，通过将文字工具和"字符"面板相结合的方式，可以在画面中的任意位置添加不同大小、颜色的文字。本实例即是使用该方法在画面中创建排列错落有致的文字效果，增强图像的表现力。

| 原始文件：随书资源 \ 素材 \08\01.jpg |
| 最终文件：随书资源 \ 源文件 \08\ 为图像添加错落文字 .psd |

1 打开原始文件，使用"矩形选框工具"在图像下方创建矩形选区，设置前景色为 R0、G0、B52，新建"图层 1"并为选区填充颜色，如图 8-52 所示。

2 取消选区后，在"图层"面板中设置"图层 1"的图层混合模式为"强光"，如图 8-53 所示。

图 8-52

图 8-53

3 在"图层"面板中新建"图层 2"，如图 8-54 所示，然后使用"矩形选框工具"在图像左侧绘制一个矩形选区，并为选区填充白色，如图 8-55 所示。

图 8-54

图 8-55

4 创建"色阶 1"调整图层，在打开的设置选项中使用鼠标拖曳各选项滑块依次到 46、0.83、229 位置，如图 8-56 所示，设置调整图层后，在画面中可看到增强画面对比度后的效果，如图 8-57 所示。

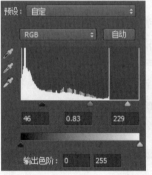
图 8-56

图 8-57

▼ 技巧提示：在"图层"面板中创建
调整图层

在"图层"面板下方单击"创建新的填充或调整图层"按钮 ，在打开的菜单中可选择创建的调整图层命令。

5 打开"字符"面板，设置字体、字体大小等选项，颜色为白色，如图 8-58 所示，然后使用"横排文字工具"在图像中间位置单击，确定输入位置，输入白色文字，如图 8-59 所示。

图 8-58

图 8-59

6 在"字符"面板中更改颜色，具体颜色值为 R149、G149、B224，在图像中输入字母，然后选择"移动工具"，对输入的字符位置进行调整，如图 8-60 所示。

图 8-60

7 更改字符大小，然后输入不同大小的字母，并调整位置，如图 8-61 所示。继续在"字符"面板中更改字符大小，颜色为白色，然后输入不同大小的字母，将字母排列得错落有致，效果如图 8-62 所示。

图 8-61   图 8-62

8 在"字符"面板中更改字体、字体大小等选项，如图 8-63 所示，然后在图像中上方的位置单击，确定输入起点后输入一行白色文字，如图 8-64 所示。

图 8-63   图 8-64

9 将上一步骤中的文字更改为黑色，按下快捷键 Ctrl+T，使用变换编辑框对文字进行旋转变换，并移动到白色矩形内，然后按下 Enter 键确认变换，如图 8-65 所示。

10 变换文字后，选择"横排文字工具" T，在画面右下方的空白区域位置单击并拖

曳，绘制一个文本框，如图 8-66 所示。

图 8-65   图 8-66

11 在工具选项栏中更改字体、字体大小选项，并设置颜色为白色，然后在文本框内输入多行文字，如图 8-67 所示。

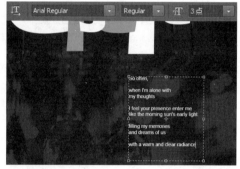

图 8-67

12 退出段落文本编辑操作，在"字符"面板中更改字体和字体大小选项，如图 8-68 所示，然后在画面中输入一行较小的白色文字，并进行旋转变化，在画面左上方黑色文字右侧添加文字，如图 8-69 所示。

图 8-68   图 8-69

▼ 技巧提示：为段落文本换行

在输入段落文本时，文字可在文本框范围自动换行，也可以按下 Enter 键，对文本进行换行。

实例2　添加漂亮的海报文字

在海报设计中，文字的效果需要有视觉冲击力，这样才能快速吸引观者眼球。在制作海报文字时，可以根据作品的风格选择相应字体，通过对文字进行特殊排列，并结合图层样式的应用，使文字产生自然的发光效果，将图像打造成一幅漂亮的海报。

原始文件：随书资源 \ 素材 \08\02.jpg
最终文件：随书资源 \ 源文件 \08\ 添加漂亮的海报文字 .psd

1 打开原始文件，打开"调整"面板，单击"色阶"按钮，新建"色阶"调整图层，在打开的"属性"面板中对色阶选项进行设置，拖曳滑块到 14、1.16、197 位置，如图 8-70 所示。设置后可看到增强了画面亮调后的效果，如图 8-71 所示。

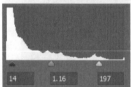

图 8-70　　　　　　图 8-71

2 选择"横排文字工具"，打开"字符"面板，在面板中对字体、字号进行设置，然后在图像中单击，确定输入起点后，输入一行白色的文字，如图 8-72 所示。

图 8-72

3 选择"移动工具"后，按下快捷键 Ctrl+T，使用变换编辑框对文字进行旋转变换，如图 8-73 所示，将文字倾斜，旋转文字后，按下 Enter 键确认变换。

图 8-73

4 在"图层"面板下方单击"添加图层样式"按钮，在打开的菜单中选择"描边"样式，在打开的对话框中对描边选项进行设置，如图 8-74 所示。

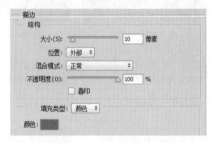

图 8-74

5 在"图层样式"对话框右侧选择"外发光"样式，添加图层样式，在右侧显示的外发光选项中，设置"不透明度"为 100%、颜色为洋红色（R255、G44、B133）、"扩展"为 20%、"大小"为 55 像素，如图 8-75 所示。确认设置后在画面中可看到文字添加了描边和外发光效果，如图 8-76 所示。

图 8-75　　　　　　图 8-76

6 使用文字工具在画面中再输入一行白色文字，使用变换编辑框旋转到与发光文字相同的角度，如图 8-77 所示，在"图层"面板中添加了图层样式的文字图层上单击鼠标右键，在弹出的菜单中选择"拷贝图层样式"命令，如图 8-78 所示。

 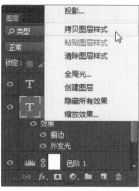

图 8-77   图 8-78

7 在另一个文字图层上单击鼠标右键，在弹出的菜单中选择"粘贴图层样式"命令，如图 8-79 所示，即可为该文字拷贝图层样式，在"图层"面板中可看到粘贴的图层样式。

8 为文字拷贝图层样式后，在图像中可看到为文字添加了描边和发光后的效果，由此完成了海报中的主体文字的表现效果，如图 8-80 所示。

图 8-79   图 8-80

9 选择"画笔工具"后，执行"窗口 > 画笔"菜单命令，打开"画笔"面板，在面板中选择第一个柔角画笔，在面板下方设置"间距"为 150%，如图 8-81 所示。

10 在"画笔"面板左侧单击"形状动态"选项，调整"大小抖动"为 80%，其他选项为 0%，如图 8-82 所示。

图 8-81   图 8-82

11 继续在左侧选择"散布"选项，在显示的散布选项中设置"散布"为 200%、"数量抖动"为 27%，如图 8-83 所示。

12 新建空白图层"图层 1"，使用"画笔工具"在画面中绘制白色和红色的光点，给画面增添装饰元素，效果如图 8-84 所示。

图 8-83   图 8-84

13 在"图层"面板中双击"图层 1"，打开"图层样式"对话框，选择"外发光"样式，设置与文字相同的发光颜色，调整"不透明度"为 100%、"大小"为 20 像素，如图 8-85 所示。

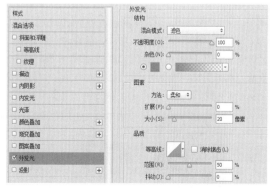

图 8-85

14 设置"外发光"样式后，在图像窗口中可看到添加了红色光晕的光点效果，效果如图 8-86 所示。

15 新建图层，使用"画笔工具"在画面中再绘制一些装饰图案，并设置与"图层 1"相同的"外发光"样式，如图 8-87 所示。

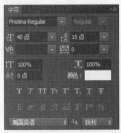

图 8-88　　　　　　　图 8-89

17 根据画面效果，在图像右下方的位置继续添加适当的文字，完善海报文字内容，丰富画面效果，如图 8-90 所示。

18 在"图层"面板中创建"色相/饱和度 1"调整图层，并更改"色相"为 +5、"饱和度"为 +25、"明度"为 +5，如图 8-91 所示，设置后可看到增强了色彩的画面效果。

图 8-86　　　　　　　图 8-87

16 选择"横排文字工具"，打开"字符"面板，设置字体、字体大小等选项，如图 8-88 所示，然后在画面中输入一行白色的文字，并使用"移动工具"将其调整到适当位置，如图 8-89 所示。

图 8-90　　　　　　　图 8-91

实例3　为图像创建艺术文字

在图像中添加艺术化的文字可以增强图像的整体表现力，本实例讲解使用"横排文字工具"输入文字，并将这些输入的文字转换为形状，再结合路径编辑工具对文字图形加以修改，创建出艺术化的字体效果。

原始文件：随书资源 \ 素材 \08\03.jpg

最终文件：随书资源 \ 源文件 \08\ 为图像创建艺术文字 .psd

1 打开原始文件，按下快捷键 Ctrl+J，复制"背景"图层，得到"图层 1"图层，如图 8-92 所示。设置背景色为白色，选择"裁剪工具"，在图像中拖曳创建裁剪框，然后再调整裁剪框大小，如图 8-93 所示，确认裁剪后，扩展画布，以白色填充扩展区域。

2 设置前景色为黄色（R249、G247、B208），选择"渐变工具"，在其选项栏中单击"径向渐变"按钮▣，然后在其选项栏中单击渐变条，打开"渐变编辑器"对话框，选择"前景色到背景色渐变"，在"背景"图层中单击并拖曳，填充渐变背景效果，如图 8-94 所示。

图 8-92　　　　　　　图 8-93

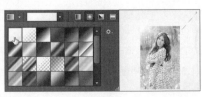

图 8-94

3 按住 Ctrl 键单击"图层 1"图层缩览图,载入选区,创建"色彩平衡 1"调整图层,在打开的设置选项中拖曳滑块至参数依次为 +47、0、-41,如图 8-95 所示,设置后可看到选区内的人物图像被调整了色调,效果如图 8-96 所示。

图 8-95　　　　　　　　　图 8-96

4 在"图层"面板中新建"图层 2",并下移到"图层 1"下方,然后选择"画笔工具"在其选项栏中打开"画笔预设"选取器,选择叶子形状的画笔,如图 8-97 所示。设置前景色为橙色(R251、G203、B155),设置后使用"画笔工具"在图像边框区域单击,绘制散落的叶子图像,如图 8-98 所示。

图 8-97　　　　　　　　　图 8-98

5 选择"横排文字工具" T,在其选项栏中设置字体、字体大小,并设置颜色为橙色(R241、G171、B103),然后在人物图像上方确定输入起点并单击,然后输入橙色文字,如图 8-99 所示。

图 8-99

6 对文字图层执行"文字 > 转换为形状"菜单命令,如图 8-100 所示,将文字转换为形状图层,然后选择"直接选择工具",在文字上单击锚点并拖曳,如图 8-101 所示,改变文字形态。

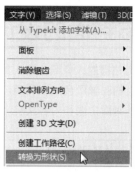

图 8-100　　　　　　　　图 8-101

7 使用"添加锚点工具"在拖曳的路径上添加锚点,然后再利用"直接选择工具"拖曳锚点位置,制作出弯曲变形的效果,如图 8-102 所示。

图 8-102

8 选择"横排文字工具"后,打开"字符"面板,在"字符"面板上将字体大小更改为 27 点,设置颜色为深黄色(R182、G152、B52),然后在编辑的变形文字后输入新的文字,如图 8-103 所示。

图 8-103

9 继续在"字符"面板中更改字体、字体大小和颜色,并在文字边缘添加较小的文字,排列到适当位置,完善主体文字效果,最后在画面右下角添加文字,如图 8-104 所示,展现出完整的艺术影像作品。

图 8-104

实例 4　杂志封面的设计

在 Photoshop CC 中为拍摄的人像照片输入文字，可以将其制作为漂亮的杂志封面效果。首先通过运用调整图层对杂志封面上的图像颜色加以调整，并添加各种装饰元素，丰富画面内容，再利用文字工具在画面中输入需要表达的封面主题和内容文字，制作出更有吸引力的杂志封面。

| 原始文件：随书资源 \ 素材 \08\04.jpg |
| 最终文件：随书资源 \ 源文件 \08\ 杂志封面的设计 .psd |

1 打开原始文件，为图像创建"色彩平衡 1"调整图层，依次将中间调选项参数设置为 +30、+35、-15，如图 8-105 所示，设置后可看到增强了画面暖色调效果的图像效果，如图 8-106 所示。

图 8-105　　　　图 8-106

2 选择"椭圆选框工具"，在其选项栏中设置羽化值为 100 像素，然后使用该工具在图像中人物头部区域上，绘制椭圆选区，如图 8-107 所示。

3 为选区内图像创建"色阶 1"调整图层，将滑块位置依次拖曳到 55、1.55、246 位置，如图 8-108 所示。

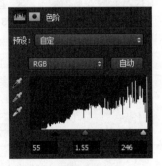

图 8-107　　　　图 8-108

4 设置"色阶"调整图层后，在选区内可看到增强图像亮度后的效果，如图 8-109 所示，突出人像面部区域。

5 新建"图层 1"，使用"矩形选框工具"在图像中创建矩形选区，并填充白色，然后再继续创建相同高度的矩形选区，如图 8-110 所示。

图 8-109　　　　图 8-110

6 更改前景色为黄色（R255、G241、B2），并为选区填充前景，继续使用"矩形选框工具"绘制矩形选区，并填充不同的颜色，如图 8-111 所示。

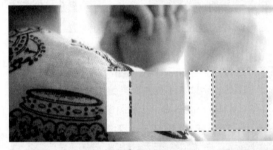

图 8-111

7 对矩形执行"编辑 > 变换 > 斜切"菜单命令，使用鼠标拖曳变换编辑框后，对矩形进行斜切变换，如图 8-112 所示，然后按下 Enter 键确认变换。

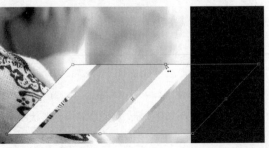

图 8-112

8 新建图层，使用"矩形
选框工具"绘制矩形选
区，然后填充不同的颜色。
再对矩形进行斜切变换，然
后复制变换后的矩形条，排
列到画面中适当位置，并在
边缘添加不同大小的矩形条，
如图 8-113 所示。

图 8-113

9 选择"横排文字工具"，在"字符"面板中设
置字体、字体大小颜色等选项（颜色设置为白
色），然后在图像上方位置单击并输入一行白色文字，
如图 8-114 所示。

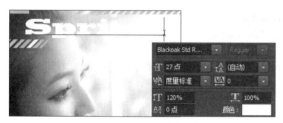

图 8-114

10 为文字图层上添加"描边"图层样式，在
打开的对话框中设置描边选项，调整颜色
为绿色（R188、G233、B10），为文字添加绿色描
边效果，如图 8-115 所示。

图 8-115

11 复制文字图层，得到拷贝图层，然后在效
果下双击"描边"样式名称，如图 8-116
所示。打开"图层样式"对话框，更改描边选项，
大小调整为 8 像素，颜色为黑色，如图 8-117 所示。

图 8-116　　　　　　　图 8-117

12 单击"确定"按钮后，在画面中可看到文字
被添加了黑色边缘的效果，如图 8-118 所示。

图 8-118

13 在"字符"面板中更改字体、字体大小等
选项，颜色设置为与文字描边相同的绿色，
然后使用文字工具在画面中输入文字，如图 8-119
所示，并选择"移动工具"退出文字输入状态。

图 8-119

14 在"字符"面板中更改字体、字体大小选
项，如图 8-120 所示，然后使用"横排文
字工具"在画面中继续输入文字，并利用"移动工具"
调整到适当位置，如图 8-121 所示。

图 8-120　　　　　　　图 8-121

15 继续更改"字符"面板中的选项，如图 8-122
所示，然后在画面中输入两行文字，并将
对齐方式调整为右对齐，如图 8-123 所示。

图 8-122　　　　　　　图 8-123

16 继续在"字符"面板中设置字体、字体大小和颜色选项，在图像右下方继续输入多行文字，并以左对齐排列，丰富文字内容，效果如图 8-124 所示。

图 8-124

17 最后根据杂志封面需要，在画面中完善文字信息，完成封面设计，效果如图 8-125 所示。

图 8-125

 # 实例5 制作发光特效文字效果

丰富的色彩和纹理可以使文字更具质感。在 Photoshop CC 中，可以使用文字工具输入文字，然后对输入的文字添加图层样式，并为其叠加上绚丽的色彩，制作出发光特效的文字。

原始文件：随书资源 \ 素材 \08\05.jpg
最终文件：随书资源 \ 源文件 \08\ 制作发光特效文字效果 .psd

1 执行"文件 > 新建"菜单命令，在打开的对话框中指定新建文档的大小，单击"确定"按钮，新建文件，创建"图层 1"图层，设置前景色为黑色，按下快捷键 Alt+Delete，填充图层，如图 8-126 所示。

图 8-126

2 隐藏"图层 1"图层，选择"横排文字工具"，打开"字符"面板，在面板中设置属性，输入文字，如图 8-127 所示。

图 8-127

3 按下 Ctrl 键不放，单击文字图层，载入选区，设置前景色为白色，新建"图层 2"图层，按下快捷键 Alt+Delete，将选区填充为白色，显示"图层 1"图层，隐藏文本图层，查看填充颜色的文字效果，如图 8-128 所示。

图 8-128

4 按下 Ctrl 键不放，单击"图层 2"图层缩览图，载入白色的文字选区，执行"选择 > 修改 > 边界"菜单命令，打开"边界"对话框，输入"宽度"为 15 像素，为选区添加边界效果，如图 8-129 所示。

图 8-129

5 新建"图层 3"图层，更改前景色为白色，按下快捷键 Alt+Delete，填充选区，设置"图层 3"图层的混合模式为"溶解"，如图 8-130 所示。

图 8-130

6 选择"图层 2"和"图层 3"图层，按下快捷键 Ctrl+Alt+E，盖印选中图层，按下快捷键 Ctrl+J，复制图层，选中"图层 3（合并）"图层，如图 8-131 所示，执行"滤镜 > 模糊 > 更多模糊 > 径向模糊"菜单命令，打开"径向模糊"对话框，设置参数，如图 8-132 所示。

图 8-131 图 8-132

7 设置完成后单击"确定"按钮，应用设置参数，模糊图像，效果如图 8-133 所示。

图 8-133

8 按下快捷键 Ctrl+T，打开自由变换工具，对模糊后的图像进行适当的变形设置，如图 8-134 所示。

图 8-134

9 双击文字图层，打开"图层样式"对话框，直接勾选"投影"和"外发光"复选框，如图 8-135 所示，然后再勾选"内发光"复选框，设置内发光选项，如图 8-136 所示。

图 8-135 图 8-136

10 在"图层样式"对话框中勾选"斜面和浮雕"复选框，然后在对话框右侧设置斜面和浮雕样式，如图 8-137 所示。

11 在"图层样式"对话框中勾选"纹理"复选框，然后在对话框右侧单击"图案"下拉按钮，在打开的列表中单击选择图案纹理，如图 8-138 所示。

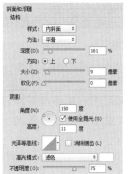

图 8-137 图 8-138

12 设置完成后单击"确定"按钮，为文字添加上样式效果，如图 8-139 所示。

图 8-139

13 复制文字图层，并将其栅格化处理，执行"编辑 > 变换 > 垂直翻转"菜单命令，翻转文字，使用"移动工具"把文字移至原文本下方，如图 8-140 所示。

图 8-140

14 选择文字拷贝图层，设置图层"不透明度"为 70%，单击"添加图层蒙版"按钮 ，为该图层添加图层蒙版，选择"画笔工具"，设置前景色为黑色，在文字上方涂抹，如图 8-141 所示，制作投影效果。

图 8-141

▼ 技巧提示：显示 / 隐藏图层样式

在图像上添加图层样式后，单击图层后方的倒三角箭头，可以对图层中创建的图层样式进行显示或隐藏操作。

15 按下快捷键 Ctrl+J，再次复制文本对象，然后按下快捷键 Ctrl+T，打开自由变换工具，适当对文字进行变形设置，如图 8-142 所示。

图 8-142

16 新建"图层 4"，选择"渐变工具"，单击选项栏中的"点按可编辑渐变"下拉按钮，在打开的列表中单击"前景色到背景色渐变"，

再单击选项栏中的"径向渐变"按钮 ，从图像右侧拖曳鼠标，填充渐变效果，如图 8-143 所示。

图 8-143

17 单击工具箱中的"设置前景色"按钮，打开"拾色器（前景色）"对话框，设置颜色为 R5、G53、B102。新建"图层 5"图层，设置混合模式为"颜色"，在文字上方涂抹，叠加颜色，如图 8-144 所示。

图 8-144

18 选择"渐变工具"，单击选项栏中的渐变条，打开"渐变编辑器"对话框，将对话框内的渐变色依次设置为 R224、G33、B48，R0、G55、B254，R252、G67、B255，如图 8-145 所示。

图 8-145

19 新建图层，设置图层混合模式为"颜色"，使用"渐变工具"从左向右拖曳鼠标，填充渐变效果，如图 8-146 所示。

图 8-146

20 创建新图层并将该图层填充为黑色，执行"滤镜 > 像素化 > 铜版雕刻"菜单命令，在打开的对话框中选择"中等点"，如图 8-147 所示，单击"确定"按钮，设置混合模式为"颜色减淡"，添加图层蒙版，并将一部分杂点隐藏，如图 8-148 所示。

图 8-149

图 8-147　　　　图 8-148

21 返回图像编辑窗口，查看处理后的图像效果，如图 8-149 所示。

22 打开原始文件"05.jpg"，将该素材图像拖曳至"图层 1"上方，添加图层蒙版，使用"画笔工具"在图像边缘涂抹，隐藏图像，使画面呈现暗角效果，如图 8-150 所示。

图 8-150

8.5　本章小结

　　文字可以起到补充说明、修饰版面的作用。Photoshop CC 中提供了较为完善的文字编辑功能，本章节围绕文字的创建、基本的文字属性设置、段落文字的编排、文本与图形的转换等知识全面讲解了如何对文字进行编辑与应用。读者通过对这些知识的学习，能够掌握文字的编辑要点与处理技巧，并能根据画面需要，在图像中添加更符合图像主题的文字信息。

8.6　思考与练习

1. 填空题

　　（1）文本的排列方向分为 ＿＿＿ 和 ＿＿＿。

　　（2）要编排大量的文字，应使用 ＿＿＿ 和 ＿＿＿。

　　（3）在图像中添加文字后，执行 ＿＿＿ 可以将文字转换为工作路径；执行 ＿＿＿ 可以将文字转换为图形。

　　（4）在 Photoshop CC 中，文字的对齐方式有 ＿＿＿、＿＿＿ 和 ＿＿＿ 3 种。

　　（5）在 Photoshop CC 中，段落文本的对齐方式除了"左对齐文本""居中对齐文本""右对齐文本" 3 种对齐方式外，还有 ＿＿＿、＿＿＿、＿＿＿ 和 ＿＿＿ 4 种。

2. 问答题

　　（1）如果要对整个文本图层进行编辑，需要怎样操作？

　　（2）如果仅仅是对单个文字进行编辑，则需要怎样进行操作？

　　（3）如何让选项栏中的选项设置与"字符"面板中的选项更好地对应使用？

3. 上机题

（1）打开随书资源 \ 上机题 \ 素材 \08\01.jpg，如图 8-151 所示，在图像中添加文字，设计成时尚杂志内页，如图 8-152 所示。

图 8-151 　　　　　　　　　　　　　　　图 8-152

（2）打开随书资源 \ 上机题 \ 素材 \08\02.jpg，如图 8-153 所示，在图像中添加文字设计使之呈现时尚杂志内页效果，如图 8-154 所示。

图 8-153 　　　　　　　　　　　　　　　图 8-154

（3）打开随书资源 \ 上机题 \ 素材 \08\03.jpg，如图 8-155 所示，输入文字并设置文字样式，制作出电影海报，效果如图 8-156 所示。

图 8-155 　　　　　　　　　　　　　　　图 8-156

第9章

图层功能的全面解析

图层是处理图像信息的平台，对图像处理的任何操作都需在图层中完成。图层就像是堆叠在一起的透明纸，供用户在上面进行不同的操作，图层内容都可在"图层"面板中查看，并可以在面板中更改图层的混合模式或为图层添加图层样式等，从而使图像产生特殊的效果。

9.1 认识图层

"图层"是构成图像的重要组成单位，它就如同堆叠在一起的透明纸，供用户在上面进行操作，通过图层间的相互叠放组成一幅图像。当在其中某个图层上操作时，不会影响其他的图层，而这些组成图像的图层都会在"图层"面板中显示，对图层的所有操作也将通过"图层"面板来完成，本小节中将详细介绍图层的内容。

9.1.1 了解"图层"面板

在"图层"面板中，能够显示制作图像过程中创建的所有图层、图层组以及图层效果。通过操作"图层"面板中的选项可以完成所有图像的编辑任务，执行"窗口>图层"菜单命令，即可打开"图层"面板。

1 图层与快捷菜单

不同图层间的相互堆叠，构成了图像的整体视觉效果，执行"窗口>图层"菜单命令，打开"图层"面板，即可查看所编辑图像的所有图层信息。在面板右上角单击扩展按钮，可打开"图层"面板的菜单，然后选择其中的"面板选项"命令，如图 9-1 所示。

图 9-1

2 更改图层预览框大小

打开"图层面板选项"对话框，在对话框中可以对面板的缩览图大小、缩览图内容等项目进

设置缩览图大小为最大时，如图 9-2 所示，在"图层"面板中可看到最大缩览图效果，如图 9-3 所示。

图 9-2　　　　　　　图 9-3

📖 **知识补充**

在默认情况下打开一幅未编辑的图像文件，"图层"面板中的"背景"图层默认设定为锁定状态。锁定状态的图层限定了许多的编辑功能，因此需要在"背景"图层的基础上添加新图层或复制图层才能进行更多的编辑操作。

153 ◀

9.1.2 不同类型的图层

在"图层"面板中出现的图层，根据其功能和作用，可以划分为多种不同的类型，通常划分为像素图层、调整图层和文字图层。通过将这些不同类型的图层相互堆叠组合，构成了图像的整体视觉效果。

1 像素图层

像素图层是最普通和常用的图层，在"图层"面板中复制或新建的图层，都属于像素图层，如图 9-4 所示。用户可直接对像素图层中的图像进行绘制、变换和应用滤镜命令等编辑。对像素图层进行放大或缩小会影响图像的像素。

图 9-4

2 调整图层

调整图层是在图像处理过程中常用的一种特殊图层，单击"调整"面板中的按钮后，在"图层"面板中即会出现一个带有图层蒙版的调整图层，

如图 9-5 所示。调整图层中的操作命令作用于其下的图层上，不影响像素的视觉效果。

3 文本图层

使用"横排文字工具"和"直排文字工具"创建文字内容后，"图层"面板中会自动创建一个文本图层，如图 9-6 所示。文本图层记载了该图层中的文字的所有属性信息，便于查看和修改。双击文本图层缩览图，还可以全选该图层中的文字内容。

图 9-5

图 9-6

9.1.3 按类型选择图层

若想对"图层"面板进行改进和完善，Photoshop CC 新增的类型选项，可对图层进行分类选择。当图像中包含有较多图层时，使用此功能能够帮助用户快速选择和显示某一种类型的图层。

在"图层"面板中单击"类型"选项下拉按钮，在打开的下拉菜单中可根据需求选择相应选项，如图 9-7 所示，在类型选项后提供的按钮栏中单击"文字"按钮，即可只显示文字图层，单击"调整图层"按钮，只显示调整图层，如图 9-8 和图 9-9 所示。

图 9-7

图 9-8

图 9-9

9.1.4 新建图层

新建图层是编辑图像时最基础的操作。Photoshop 中新建图层的方法有很多，用户既可以单击"图

层"面板中的"创建新图层"按钮新建图层；也可以利用"图层"面板菜单中的"新建图层"菜单命令进行创建。

1 通过图层按钮新建

在"图层"面板下方单击"创建新图层"按钮，如图 9-10 所示，即可根据新建的图层个数，新建一个"图层 1"图层，如图 9-11 所示。

图 9-10　　　　　图 9-11

2 通过菜单命令新建

若想在"图层"面板菜单中新建图层，需先单击"图层"面板右上角的扩展按钮，如图 9-12 所示，然后在打开的扩展菜单中选中"新建图层"命令，如图 9-13 所示，新建图层。

图 9-12　　　　　图 9-13

3 设置"新建图层"选项

选择"新建图层"命令后，打开一个"新建图层"对话框，可以在该对话框中设置新建图层的名称、颜色、模式和不透明度等，如图 9-14 所示，设置完成后，单击对话框中的"确定"按钮，将在"图层"面板中看到新建的图层，如图 9-15 所示。

图 9-14　　　　　图 9-15

📖 知识补充

在"图层"面板中创建的新图层通常默认为透明图层，该图层上没有任何内容，如需为该图层填充内容，可执行"编辑 > 填充"菜单命令，通过设置"填充"面板中的选项为图层填充颜色、图案等内容。

9.1.5 复制与删除图层

在编辑图像时，常常会复制图层或删除不需要的图层。图层的复制与删除操作都可以通过设置"图层"面板中的选项来完成。复制图层时，可将需要复制的图层拖曳到"创建新图层"按钮上，快速复制图层；删除图层时，则将要删除的图层选中然后拖曳至"删除图层"按钮，删除该图层。

1 拖曳图层进行复制

在"图层"面板中单击选中"背景"图层，将此图层拖曳到"创建新图层"按钮上，如图 9-16 所示，释放鼠标即可复制该图层，得到"背景拷贝"图层，如图 9-17 所示。

图 9-16　　　　　图 9-17

2 利用面板菜单复制

选中需要复制的图层，单击"图层"面板右上角的扩展按钮，如图 9-18 所示，打开"图层"面板菜单，选择"复制图层"命令，如图 9-19 所示，即可复制该图层，得到"背景拷贝"图层。

图 9-18　　　　　图 9-19

③ 设置"复制图层"选项

选择"复制图层"快捷菜单命令后，即可打开一个"复制图层"对话框，在对话框中显示了复制图层的默认名称，如图 9-20 所示，用户可以根据需求在对话框中更改复制的图层的名称，设置后单击"确定"按钮，复制图层，此时在"图层"面板中可看到复制的图层，如图 9-21 所示。

④ 删除图层

在"图层"面板中单击选中要删除的图层，单击下方的"删除图层"按钮🗑，如图 9-22 所示，将打开一个提示对话框来询问是否删除图层，单击"是"按钮，如图 9-23 所示，则将删除该图层，如图 9-24 所示。

图 9-22

图 9-20

图 9-21

图 9-23

图 9-24

9.2　图层样式的添加

在对图像进行编辑的过程中，可以为图层添加各种不同的图层样式。Photoshop CC 提供了多种图层样式，包括投影、内阴影、外发光、内发光、斜面和浮雕、光泽、颜色叠加、渐变叠加等。通过应用不同的图层样式能够产生各种不同的样式效果。

9.2.1　添加图层样式

在"图层"面板中单击"添加图层样式"按钮 **fx**，即可打开相应的图层样式菜单，选择需要的样式命令，即可添加该图层样式。也可以通过执行"图层 > 图层样式"菜单命令，在打开的子菜单中设置需要添加的图层样式名称，添加图层样式后该样式会显示到图层中。

① 添加图层样式

执行"图层 > 图层样式 > 外发光"菜单命令，如图 9-25 所示，即可为图层添加外发光图层样式效果，此时在打开的"图层样式"对话框的左侧可以设置其余图层样式，打开的"图层样式"对话框如图 9-26 所示。

② 查看添加的图层样式

完成"图层样式"对话框中的设置后，单击"确定"按钮，返回图像窗口，在"图层"面板中可看到图层缩览图下方显示的样式，且在图像窗口中可查看到添加的外发光样式效果，如图 9-27 所示。

图 9-25　　　　图 9-26

图 9-27

9.2.2 认识"图层样式"对话框

为图层添加图层样式时，都会使用到"图层样式"对话框，既可利用该对话框中的各选项对图层样式进行设置，也可以利用该对话框选择需要添加的一种或多种图层样式。

1 添加新图层样式

双击"图层"面板中需要添加图层样式的图层，如图 9-28 所示，即可打开"图层样式"对话框，用于设置图层样式，如图 9-29 所示。

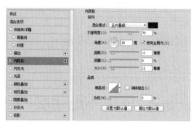

图 9-30　　　　　　图 9-31

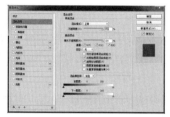

图 9-28　　　　　　图 9-29

2 设置图层样式选项

所有的图层样式名称均罗列在"图层样式"对话框左侧的样式栏中，在需要的样式名称上单击，如图 9-30 所示，即可添加该样式到图层上，与此同时在对话框的右侧会显示该样式的设置选项，用于调整该图层的样式效果，如图 9-31 所示。

📖 知识补充

为图层设置了某一图层样式后，双击该图层缩览图，可在打开的"图层样式"对话框中修改该样式的设置。若要继续为该图层添加其他样式效果，可单击对话框左侧样式栏中的样式名称，然后在右侧设置该样式的各项参数。添加的所有图层样式都可以在"图层"面板中进行查看。

9.3 图层混合模式和不透明度

利用"图层"面板中的图层混合模式，可混合不同图层中的图像内容，制作出各种特殊的效果。通过设置不透明度选项可以调节不同图层内容显示时的透明度，可以表现出特殊的图像合成效果。

9.3.1 图层混合模式

图层混合模式可以去除图层中的暗像素或抑制图层中的亮像素，显示出特殊的图层混合效果。选中"图层"面板中的某一图层后，单击图层混合模式选项右侧的下拉按钮，在打开的下拉列表中可看到系统提供的多种混合模式，例如：变暗、变亮、绿色、叠加、柔光等，选择后即可应用该混合模式来混合图像。

1 设置混合模式合成新效果

打开两幅图像，如图 9-32 和图 9-33 所示，将两张图像复制到同一文件中，设置其图层混合模式，即可混合图像，由此产生漂亮的混合效果，如图 9-34 所示。

图 9-32　　　　　图 9-33　　　　　图 9-34

2 更改混合模式选项

在更改图层混合模式时，单击"混合模式"右侧的下拉按钮，在打开的下拉列表中单击需要使用的图层混合模式，如图 9-35 所示，如果单击选择"线性减淡（添加）"混合模式，混合后的图像效果如图 9-36 所示。

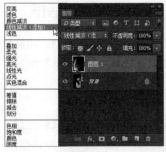

图 9-35　　　　　　　图 9-36

9.3.2　图层不透明度

图层不透明度用于设置图层的显现程度，当降低不透明度时，图层中的图像变成半透明效果，显示出下方图层内容。设置图层的不透明度，在"不透明度"选项后的文本框内输入 0 ～ 100 之间的数值，设置的值越小，该图层中的图像的透明度越高。

打开素材图像，如图 9-37 所示，在"图层"面板中选择"图层 2"图层，单击"不透明度"选项右侧的倒三角形按钮，调整滑块，拖曳滑块降低参数值，如图 9-38 所示，降低图像不透明度，效果图 9-39 所示。

图 9-37　　　　　　　　　图 9-38　　　　　　　　　图 9-39

9.4　填充和调整图层的创建

填充图层和调整图层是两种比较特殊的图层，可以在图层上创建新效果的同时，而不改变原有图层效果。通过创建填充图层和调整图层，可以将调整后的颜色和色调应用于图像中。在处理图像时，不但能对调整图层或填充图层反复进行修改，而且可以利用自带的图层蒙版控制应用的效果范围。

9.4.1　了解填充图层

Photoshop CC 提供了纯色、渐变和图案三种填充图层。用户可以先单击"图层"面板中的"创建新的填充或调整图层"按钮，然后在弹出的菜单中选择 "纯色""渐变"或"图案"等填充效果，也可以执行"图层 > 新建填充图层"菜单命令，在弹出的级联菜单中选择要创建的填充图层命令，创建填充图层。

在"图层"面板中单击"创建新的填充或调整图层"按钮，如图 9-40 所示，执行"图案"命令，创建"图案填充"调整图层，此时在"图层"面板中会生成图案填充图层，打开"图案填充"对话框，在"图案"选取器中选择各种预设的漂亮图案，如图 9-41 所示，选择图案后，图像窗口中会显示填充的图案效果，如图 9-42 所示。

图 9-40　　　　　　　　　　图 9-41　　　　　　　　　　图 9-42

9.4.2 "调整"面板

"调整"面板主要用于创建调整图层。在未显示"调整"面板的情况下，执行"窗口＞调整"菜单命令，即可打开"调整"面板。单击"调整"面板中的不同按钮，会创建不同性质的调整图层。单击"色阶"按钮，如图 9-43 所示，在"图层"面板中可创建"色阶 1"调整图层，如图 9-44 所示。单击"通道混合器"按钮，如图 9-45 所示，在"图层"面板中即可看到创建的"通道混合器 1"调整图层，如图 9-46 所示。

图 9-43　　　　　　图 9-44　　　　　　图 9-45　　　　　　图 9-46

9.4.3 编辑调整图层

单击"调整"面板中的按钮，可以直接创建调整图层，但不能对调整选项进行设置。如果要对调整图层选项进行设置，则需要使用"属性"面板。创建调整图层后，系统会自动打开"属性"面板，其中有调整图层的设置选项，通过对选项进行编辑，可以给画面的色彩影调带来变化，让图像产生各种靓丽的效果。

在"调整"面板中单击"色彩平衡"按钮，如图 9-47 所示，创建"色彩平衡 1"调整图层，并打开"属性"面板，在面板中设置"色彩平衡"选项，如图 9-48 所示，设置后在图像窗口中即可查看到调整后的图像效果，如图 9-49 所示。

图 9-47　　　　　　　　图 9-48　　　　　　　　图 9-49

实例1 制作漂亮的灯光效果

若想要在图像中表现出灯光效果，可以通过添加发光的图层样式来实现。先将画面中需要添加发光样式的图像区域选取出来，然后设置内发光和外发光图层效果使其表现出自然的灯光光晕效果，再添加上发光的文字和光点来修饰画面，使画面效果更加和谐。

原始文件：随书资源 \ 素材 \09\01.jpg
最终文件：随书资源 \ 源文件 \09\ 制作漂亮的灯光效果 .psd

1 打开原始文件，选择"快速选择工具"，在图像中的卡通图像上单击，将卡通对象创建到选区内，然后按下快捷键 Ctrl+J，复制选区内图像，得到"图层 1"，如图 9-50 所示。

图 9-50

2 在"图层"面板下方单击"添加图层样式"按钮 **fx.**，在弹出的菜单中选择"外发光"命令，如图 9-51 所示，在打开的"图层样式"对话框中，对显示的外发光选项进行设置，如图 9-52 所示。

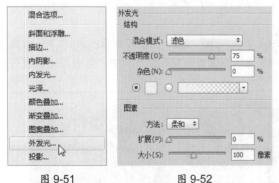

图 9-51　　　　　　图 9-52

3 在"图层样式"对话框右侧的样式栏中单击选择"内发光"样式，如图 9-53 所示，在右侧显示的内发光选项中进行设置，完成后单击"确定"按钮，可看到画面中的卡通图像展现出发光效果，如图 9-54 所示。

 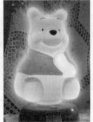

图 9-53　　　　　　图 9-54

4 创建"色阶 1"调整图层，在打开的选项中将滑块依次拖曳到数值为 120、0.75、229 的位置，设置后将"色阶 1"图层下移到"图层 1"下方，此时可看到背景区域图像增强了暗调效果，如图 9-55 所示。

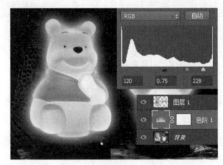

图 9-55

5 选择"横排文字工具"，在其选项栏中设置字体和字体大小选项，并将颜色设置为白色，然后在卡通图像下方输入一行白色的文字，如图 9-56 所示。

图 9-56

6　双击文本图层，打开"图层样式"对话框，在对话框中对外发光选项进行设置，如图 9-57 所示，然后勾选"描边"样式，在打开的描边选项中设置各选项参数，并将描边颜色更改为 R198、G252、B37，如图 9-58 所示，设置完成后单击"确定"按钮。

图 9-57

图 9-58

7　为文字设置好图层样式后，在画面中可看到制作出发光效果后的文字，然后在右侧的卡通图像上方添加一行文字，并设置成与上一步骤相同的图层样式，效果如图 9-59 所示。

图 9-59

8　按住 Ctrl 键的同时单击"图层"面板中的"图层 1"缩览图，将该图层载入选区，如图 9-60 所示。

图 9-60

9　为选区内的图像创建"亮度 / 对比度 1"调整图层，在打开的"属性"面板中设置"亮度"为 -30、"对比度"为 100，如图 9-61 所示，设置后可在"图层"面板中看到添加的调整图层，如图 9-62 所示。

图 9-61

图 9-62

10　设置调整图层后，可看到图像的发光区域增强了对比度。在"图层"面板中新建"图层 2"，然后使用"画笔工具"在画面中添加一些小的光点元素，丰富画面，打造出更加漂亮的灯光效果，如图 9-63 所示。

图 9-63

实例 2　混合图层增强画面亮度

当需要表现更加明亮、清晰的图像效果时，可以通过设置图层混合模式来快速提亮画面。本实例即应用了图层混合模式来对图像加以调整，通过混合图层样式使灰暗的图像变得明亮起来，同时为了增强背景效果，结合应用图层蒙版，合成亮丽的背景效果。

原始文件：随书资源 \ 素材 \09\02.jpg、03.jpg

最终文件：随书资源 \ 源文件 \09\ 混合图层增强画面亮度 .psd

1 打开原始文件"02.jpg"，在"图层"面板中
复制"背景"图层，得到"背景拷贝"图层，
设置图层混合模式为"滤色"、"不透明度"为
50%，如图 9-64 所示，在图像窗口中可看到提高了
亮度的图像效果，如图 9-65 所示。

图 9-64　　　　　　　　图 9-65

2 对"背景拷贝"图层执行"滤镜 > 模糊 > 高斯
模糊"菜单命令，在打开的"高斯模糊"对话
框中设置半径为 5 像素，如图 9-66 所示，单击"确定"
按钮模糊图像，如图 9-67 所示。

图 9-66　　　　　　　　图 9-67

3 创建"色相 / 饱和度 1"调整图层，在打开的"属
性"面板中设置选项，如图 9-68 所示。

4 设置"色相 / 饱和度 1"调整图层后，在画面
中可看到增强色彩饱和度后，颜色变得更加鲜
艳的图像效果，如图 9-69 所示。

图 9-68　　　　　　　　图 9-69

5 单击"调整"面板中的"色阶"按钮，新建"色
阶 1"调整图层，使用鼠标拖曳"属性"面板
中显示的色阶选项各滑块依次到 21、1.25、241 位置，
如图 9-70 所示，设置后可看到画面亮调被增强，效
果如图 9-71 所示。

图 9-70　　　　　　　　图 9-71

6 执行"文件 > 打开"菜单命令，打开原始文件
"03.jpg"，如图 9-72 所示，将打开的图像
复制到人物图像中，得到"图层 1"，设置图层混合
模式为"点光"，如图 9-73 所示。

图 9-72　　　　　　　　图 9-73

7 混合图层后，可看到图像产生的光影效果，如
图 9-74 所示，在"图层"面板下方单击"添
加图层蒙版"按钮，为"图层 1"添加图层蒙版，
如图 9-75 所示。

图 9-74　　　　　　　　图 9-75

8 设置前景色为黑色，然后选择"画笔工具"并对图像中的人物进行涂抹，如图 9-76 所示，涂抹后的蒙版效果如图 9-77 所示。

图 9-76　　　　　　　图 9-77

9 按下快捷键 Ctrl+J，复制"图层 1"，得到"图层 1 拷贝"图层，然后按下快捷键 Ctrl+T，使用变换编辑框对复制图像进行垂直翻转。使用"画笔工具"编辑"图层 1 拷贝"图层蒙版，如图 9-78 所示，保留右下角的光点效果，然后再按下快捷键 Ctrl+J，复制图层，得到"图层 1 拷贝 2"图层，如图 9-79 所示。

图 9-78　　　　　　　图 9-79

10 将复制图像移动到适当位置，并编辑蒙版，在图像下方添加上光点效果，如图 9-80 所示。然后使用文字工具在图像中输入文字，并绘制星光来装饰文字，让画面效果更完整，效果如图 9-81 所示。

图 9-80　　　　　　　图 9-81

▼ 技巧提示：移动图层

选择"移动工具"后，可用鼠标直接移动图层上的图像位置，也可以在选择"移动工具"后，按下键盘上的上、下、左、右方向键对图像进行微移。

实例 3　为画面填充艺术渐变色

不同的色彩能够带给人不同的视觉感受。为了让图像的色彩更加漂亮，在处理图像的时候，可以利用渐变填充图层为图像填充渐变的颜色效果，然后再通过更改图层混合模式使填充颜色与背景图像相融合，制作出更加柔美的画面。

原始文件：随书资源 \ 素材 \09\04.jpg

最终文件：随书资源 \ 源文件 \09\ 为画面填充艺术渐变色 .psd

1 打开原始文件，如图 9-82 所示，单击"图层"面板中的"创建新的填充或调整图层"按钮，在弹出的菜单中执行"渐变"命令，如图 9-83 所示。

图 9-82　　　　　　　图 9-83

2 打开"渐变填充"对话框,单击渐变条,如图9-84
所示,即可打开"渐变编辑器"对话框,在对
话框中设置黄色(R255、G255、B134)到橙色(R255、
G109、B0)的渐变色,如图9-85所示。

图 9-84　　　　　　　图 9-85

3 设置完渐变颜色后,返回"渐变填充"对话框,
设置"样式"为径向、"缩放"为150%,如
图9-86所示。完成设置后在"图层"面板中可看到
新建的"渐变填充1"图层,
设置其图层混合模式为"叠
加",如图9-87所示,混
合图层后在画面中可看到
渐变的颜色效果。

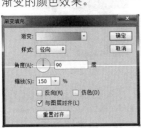 

图 9-86　　　　　　　图 9-87

4 选择"画笔工具",在选项栏中设置画笔大小,
降低"不透明度"至50%,设置前景色为黑色,
并在人物图像上进行涂抹,如图9-88所示,利用填
充图层蒙版,遮盖人物上的颜色。

图 9-88

5 创建"色阶1"调整图层,在"属性"面板中
对色阶选项进行设置,将黑色滑块向右拖曳到
数值为45的位置、灰色滑块拖曳到数值为0.47的
位置,如图9-89所示。

6 设置完"色阶1"调整图层后,画面的暗调效
果被增强,然后选择"画笔工具",在人物图
像上涂抹,再利用调整图层蒙版,遮盖人物上的色
阶效果,如图9-90所示。

图 9-89　　　　　　　图 9-90

7 按下快捷键Shift+Ctrl+Alt+E,盖印可见图层,
得到"图层1",如图9-91所示,执行"滤
镜>模糊>径向模糊"菜单命令,在打开的对话框
中设置选项,如图9-92所示,单击"确定"按钮来
模糊图像。

 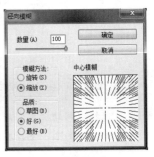

图 9-91　　　　　　　图 9-92

8 设置完模糊滤镜效果后,在"图层"面板中设
置"图层1"的图层混合模式为"滤色"、"不
透明度"为70%,如图9-93所示,图层混合后,在
画面中可看到柔和发散性光线效果,如图9-94所示。

图 9-93　　　　　　　图 9-94

9 在"图层"面板下方单击"添加图层蒙版"按
钮,为"图层1"添加图层蒙版,如图9-95所示。

10 选择"画笔工具"，在图像中的人物上方进行涂抹，利用图层蒙版遮盖被涂抹区域的模糊图像效果，并清晰地显示出下方图层中的人物图像，如图 9-96 所示。

11 最后根据画面效果，在图像下方添加适当的文字来表达画面主题，如图 9-97 所示。最后再添加上一些心形的小元素，装饰画面，展现出漂亮的图像效果，如图 9-98 所示。

图 9-95　　　　图 9-96

图 9-97　　　　图 9-98

 实例 4 　**调整图层修饰整体色调**

在 Photoshop CC 中编辑图像颜色时，可通过调整图层来更改画面色调，调出需要的色彩效果。在下面的实例中会应用到通过在"调整"面板中创建"色彩平衡"调整图层来更改图像暗调、中间调和阴影调部分的色彩，从而平衡图像颜色。再结合使用其他应用对细节加以修饰，创建更出色的画面。

| 原始文件：随书资源 \ 素材 \09\05.jpg |
| 最终文件：随书资源 \ 源文件 \09\ 调整图层修饰整体色调 .psd |

1 执行"文件 > 打开"菜单命令，打开原始文件，如图 9-99 所示。

2 在"调整"面板中单击"色彩平衡"按钮，如图 9-100 所示，新建"色彩平衡 1"调整图层。

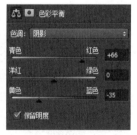

图 9-101　　　　图 9-102

4 继续设置"色彩平衡"选项，选择色调为"高光"，将选项依次设置为 -24、0、-24，如图 9-103 所示，设置"色彩平衡"调整图层后，在图像窗口中可看到更改了画面色调后的效果，如图 9-104 所示。

图 9-99　　　　图 9-100

3 在打开的"属性"面板中将"中间调"色调参数依次设置为 +43、+24、+41，如图 9-101 所示。选择色调为"阴影"，下方选项参数调整为 +66、0、-35，如图 9-102 所示。

图 9-103　　　　图 9-104

5 单击"调整"面板中的"可选颜色"按钮 ,如图 9-105 所示,新建"选取颜色 1"调整图层,在"属性"面板中,设置可选颜色选项,将"红色"下方的选项参数调整为 -42、+28、+49、+33,如图 9-106 所示。

图 9-105   图 9-106

6 单击"可选颜色"选项中的下拉按钮,在下拉列表中选择"黄色"选项,如图 9-107 所示,将参数依次设置为 -25、+36、+100、+47,如图 9-108 所示。

图 9-107   图 9-108

7 选择颜色"青色",将下方选项参数依次调整为 +80、+36、+20、0,如图 9-109 所示。选择颜色"中性色",将下方选项参数依次调整为 +36、+30、+80、-34,如图 9-110 所示。

图 9-109   图 9-110

8 创建"色阶 1"调整图层,在"属性"面板中使用鼠标拖曳的方式将下方各滑块依次调整到 30、1、213 的数值位置,如图 9-111 所示,增强明暗对比效果。

9 选择"渐变工具",在选项栏中选择"黑,白渐变",勾选"反向"复选框,使用该工具在图像上拖曳,如图 9-112 所示,为"色阶 1"图层蒙版填充渐变色,遮盖图像下方的色阶效果。

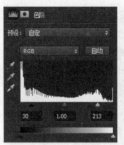

图 9-111   图 9-112

10 按住 Ctrl 键的同时,用鼠标单击 RGB 通道缩览图,如图 9-113 所示,载入通道为选区,在画面中可看到将高光调区域创建到选区内的效果,如图 9-114 所示。

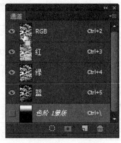

图 9-113   图 9-114

11 创建"亮度 / 对比度 1"调整图层,在打开的"属性"面板中设置"亮度"为 -20、"对比度"为 70,如图 9-115 所示。设置后提高了选区内图像的对比度,如图 9-116 所示。

图 9-115   图 9-116

12 盖印可见图层得到"图层 1",如图 9-117 所示,设置背景色为白色。选择"裁剪工具",从裁剪框边缘开始向外拖曳,如图 9-118 所示,扩展画布,扩展区域以背景色填充,编辑裁剪框后按下 Enter 键确认裁剪。

图 9-117　　　　　图 9-118

13 双击"图层 1"图层缩览图,打开"图层样式"对话框,在对话框中设置"投影"选项,如图 9-119 所示,单击"确定"按钮。

图 9-119

14 返回图像窗口,即可看到为图像添加的投影效果,如图 9-120 所示。

15 选择"直排文字工具"在图像右下角输入文字,并添加适当的投影,最终效果如图 9-121 所示。

图 9-120　　　　　　　　图 9-121

实例 5 制作彩色浮雕效果

当需要制作具有立体感的画面效果时,利用图层样式中的"斜面和浮雕"样式,可将画面转换为富有立体感的彩色浮雕效果,其操作方法是先将图像定义为图案,然后再利用样式将图案应用到原图像中。

> 原始文件:随书资源 \ 素材 \09\06.jpg
>
> 最终文件:随书资源 \ 源文件 \09\ 制作彩色浮雕效果 .psd

1 打开原始文件,在"图层"面板中复制"背景"图层,得到"背景拷贝"图层,如图 9-122 所示。

图 9-122

2 执行"编辑 > 定义图案"菜单命令,在打开的"图案名称"对话框中设置名称选项,如图 9-123 所示,然后单击"确定"按钮,定义图案。

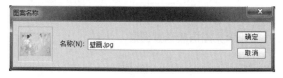

图 9-123

3 在"图层"面板下方单击"添加图层样式"按钮,如图 9-124 所示,在打开菜单中选择"斜面和浮雕"样式,如图 9-125 所示。

图 9-124　　　　　图 9-125

4 在打开的"图层样式"对话框中单击"斜面和浮雕"选项下方的"纹理"选项,如图 9-126 所示,然后单击图案后的下拉按钮,在打开的"图案预设"拾色器的最下方选择定义的图案,如图 9-127 所示。

图 9-126

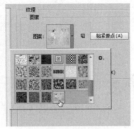

图 9-127

6 设置图层样式后，在图像窗口中可看到应用图层样式后出现的浮雕效果，图像的画面质感被增强，如图9-129 所示。

图 9-129

5 单击"斜面和浮雕"样式名称，在右侧显示的"斜面和浮雕"选项中，更改"深度"为250、"大小"为 5，如图 9-128 所示，完成设置后单击"确定"按钮。

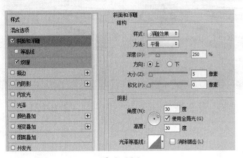

图 9-128

7 创建"色阶1"调整图层，在"属性"面板中使用鼠标依次拖曳各滑块到数值为 62、0.69、255 的位置，如图9-130 所示，

图 9-130

设置调整图层后，画面暗调效果被增强，浮雕色彩变得更浓郁。

9.5 本章小结

使用 Photoshop CC 对图像的所有操作都是在图层中完成的，图层最大的优势在于可以对图像进行非破坏性编辑，并且不会对原始图像造成无法还原的影响。本章主要介绍了有关图层的基础知识，包括不同类型的图层介绍、图层的基本操作方法、设置图层的混合与不透明度、创建调整与填充图层等知识，读者通过学习本章内容能够更全面的掌握图层知识以及图层的创建与编辑方法。

9.6 思考与练习

1. 填空题

（1）图层分为 _____、_____、_____、_____ 和 _____ 几类。

（2）在"图层"面板中选中图层后，按下 _____ 键的同时，单击 _____ 可以快速隐藏选中图层外的所有图层。

（3）按下快捷键 _____ 能够盖印所有可见图层；按下快捷键 _____ 能够盖印所有选中的图层。

（4）单击"图层"面板中的 _____ 能够选择并创建填充图层或调整图层。

2. 问答题

（1）合并图层和合并可见图层有哪些区别？

（2）如何删除图层？

（3）如何利用"图层"面板筛选图层？

3. 上机题

（1）打开随书资源 \ 上机题 \ 素材 \09\01.jpg，如图 9-131 所示，创建图层和图层组制作 APP 界面，效果如图 9-132 所示。

图 9-131   图 9-132

（2）打开随书资源 \ 上机题 \ 素材 \09\02.jpg，如图 9-133 所示，创建填充图层和调整图层并打造甜美的洋红色调，效果如图 9-134 所示。

图 9-133   图 9-134

第 10 章

蒙版和通道的应用

蒙版和通道作为 Photoshop CC 重要的高级功能，常应用于对象选取、图像特效制作等操作。本章节中的内容将详细介绍蒙版和通道的相关知识，包括蒙版的类型、蒙版的编辑以及通道的认识和应用等，让读者全面认识并掌握蒙版和通道的相关知识与实际应用。

10.1 认识不同类型的蒙版

蒙版可通过将不同的灰度值转化为不同的透明度，然后作用于它所在的图层，从而使图层内容的透明度产生相应的变化，将图层内容进行遮盖或获取选区。为了满足不同的创作需求，Photoshop CC 提供了多种类型的蒙版，包括图层蒙版、矢量蒙版、剪贴蒙版和快速蒙版。掌握不同类型的蒙版特点，会让蒙版使用起来更加得心应手。

10.1.1 图层蒙版

图层蒙版也称为像素蒙版，是最常用的蒙版类型，主要作用是控制图像的显示与隐藏。利用图像编辑工具在蒙版中进行编辑，编辑后蒙版中的黑色区域为完全隐藏部分、白色区域为显示部分、灰色区域为半透明显示部分。可以使用"图层"面板或"调整"面板添加图层蒙版。

1 图层蒙版合成图像

将两幅图像复制到一个文件中，在"图层"面板下方单击"添加图层蒙版"按钮 ▣ ，即可新建图层蒙版，如图 10-1 所示，利用绘图工具在蒙版中把需要隐藏的部分涂抹为黑色，如图 10-2 所示，得到如图 10-3 所示的图像效果。

图 10-1

图 10-2

图 10-3

2 调整/填充图层蒙版

创建调整图层和填充图层后，在"图层"面

板中会自动创建一个图层蒙版，便于用户编辑应用区域。创建调整图层或填充图层后，根据图层蒙版功能，填充蒙版颜色，控制显示或隐藏区域，如图 10-4 所示，单击"调整"面板中的"色阶"按钮 ▦ ，创建"色阶 1"调整图层，然后编辑调整图层蒙版，如图 10-5 所示，调整图像颜色后的效果如图 10-6 所示。

图 10-4

图 10-5

图 10-6

10.1.2 矢量蒙版

矢量蒙版是利用矢量图形来显示与隐藏图像的，在编辑过程中可不受像素的影响，进行任意缩放也不会更改图像的清晰度，用户可以先在"属性"面板中添加矢量蒙版，然后再利用钢笔工具或形状工具编辑矢量蒙版。

若想要创建矢量蒙版，可按住 Ctrl 不放，单击"图层"面板下方的"添加矢量蒙版"按钮，如图 10-7 所示，即可为当前图层添加矢量蒙版。为添加了矢量蒙版的图层填充颜色，然后使用形状工具在矢量蒙版中绘制矢量图形，如图 10-8 所示，即可将图形以外的图层内容隐藏，只显示图形以内的区域，如图 10-9 所示。

图 10-7

图 10-8

图 10-9

10.1.3 剪贴蒙版

剪贴蒙版可以用下方图层的形状来限制上方图层的显示状态。因此在创建剪贴蒙版时，至少需要两个图层才能创建，位于最下面的图层叫做基底图层，基底图层内容决定了蒙版的显示形态，位于基底图层上方的图层称为剪贴层，可同时创建多个剪贴层。选择需要创建剪贴蒙版的图层后，执行"图层 > 创建剪贴图层"菜单命令，或者按住 Alt 键的同时在两个图层中间单击，两种方法都可以快速创建剪贴蒙版。

打开一幅图像作为基底层，如图 10-10 所示，添加图层后，将鼠标移至"图层"面板上，按住 Alt 键的同时在两个图层的中间位置单击，即可创建出剪贴蒙版，如图 10-11 所示，可看到以基底层形态显示的图像效果，如图 10-12 所示。

图 10-10

图 10-11

图 10-12

10.1.4 快速蒙版

快速蒙版主要用于在画面中快速选取需要的图像区域，以创建选区。在工具箱下方单击"以快速蒙版模式编辑"按钮 ，即可进入快速蒙版中，使用"画笔工具"在蒙版中绘制，默认情况下以红色半透明蒙版显示，退出蒙版编辑状态后，即可将蒙版以外的区域创建为选区。

1 以快速蒙版模式编辑

单击"以快速蒙版模式编辑"按钮，如图10-13所示，进入快速蒙版后，使用画笔在快速蒙版中编辑，被编辑的区域将会显示为半透明蒙版状态，如图10-14所示，再单击"以标准模式编辑"按钮，如图10-15所示，退出快速蒙版，创建为选区，效果如图10-16所示。

2 更改快速蒙版选项

双击"以快速蒙版模式编辑"按钮，打开"快速蒙版选项"对话框，如图10-17所示，在对话框中可以指定"色彩指示"选项，若将色彩选择指示为"所选区域"，就会将绘制的蒙版区域创建为选区，如图10-18所示。

图 10-13　　图 10-14　　图 10-15　　图 10-16　　　　　图 10-17　　　　　　　　图 10-18

📖 知识补充

默认情况下快速蒙版的颜色以红色显示。若想要更改蒙版颜色，可以在"快速蒙版选项"对话框中单击颜色色块，打开"拾色器（快速蒙版颜色）"对话框，如图10-19所示，更改颜色，设置后，在图像中编辑快速蒙版时，即可看到蒙版颜色被更改，如图10-20所示。

图 10-19　　　　图 10-20

10.2　蒙版的编辑

创建完图层蒙版和矢量蒙版后，还可以利用"属性"面板中的蒙版选项，对蒙版进行进一步的编辑，例如设置蒙版的浓度、羽化值等选项，或是调整蒙版边缘、利用色彩范围编辑蒙版、反相蒙版等，通过设置这些选项，编辑蒙版变得更方便、精确。

10.2.1　"属性"面板中的蒙版选项

创建图层蒙版或矢量蒙版后，在"属性"面板中即可显示该蒙版的设置选项，在"图层"面板中选中需要编辑的蒙版后，执行"窗口 > 属性"菜单命令，打开"属性"面板，可看到该蒙版的缩览图效果，"属性"面板中还提供了浓度、羽化和调整等选项，可对蒙版做进一步编辑。

打开需要创建图层蒙版的图像，在"图层"面板中选中该蒙版缩览图，如图10-21所示，在"属性"面板中可对蒙版的羽化值进行设置，设置后蒙版的边缘会显得更为柔和，如图10-22和图10-23所示。

图 10-21　　　　　　图 10-22　　　　　　图 10-23

10.2.2 编辑蒙版边缘

为了让图层蒙版边缘的视觉效果更自然，可通过使用"属性"面板中的"蒙版边缘"功能打开"调整蒙版"对话框，并在对话框中调整智能半径或对边缘进行平滑、羽化、移动边缘等设置，从而控制蒙版边缘的视觉效果。

在"图层"面板中选择蒙版后，在"属性"面板下方单击"蒙版边缘"按钮，如图 10-24 所示，打开"调整蒙版"对话框，并对蒙版边缘进行设置，如图 10-25 所示，同时可以利用"视图"模式下拉列表选择不同的视图显示方式，以查看蒙版效果，如图 10-26 所示。

图 10-24　　　　　图 10-25　　　　　图 10-26

10.2.3 从颜色范围设置蒙版

利用"颜色范围"选项可根据图像的色彩范围控制蒙版遮盖和显示的区域范围。在"属性"面板中单击"颜色范围"选项，在打开的"颜色范围"对话框中利用吸管工具取样颜色，被选取的色彩区域在对话框缩览图中以黑色显示，即为蒙版遮盖区域。

1 编辑颜色范围

打开想要添加图层蒙版的素材图像，如图 10-27 所示，在"属性"面板中单击"颜色范围"按钮，如图 10-28 所示，打开如图 10-29 所示的"色彩范围"对话框，此时用吸管工具在图像的中间位置单击，取样颜色，可以确定颜色范围。

图 10-27

2 查看蒙版效果

选取颜色范围后，在"图层"面板中可看到编辑后的蒙版效果，黑色为遮盖区域，如图 10-30 所示，在图像窗口中可看到遮盖的部分显示出背景图层中的图像内容，最终合成效果如图 10-31 所示。

图 10-30　　　　　图 10-31

图 10-28　　　　　图 10-29

📖 **知识补充**

使用 Photoshop CC 时还可以利用选区确定蒙版遮罩区域，在图像中用选区创建工具将需要显示的图像区域创建为选区，如图 10-32 所示，然后在"图层"面板中单击"添加图层蒙版"按钮，即可将选区以外的区域以黑色填充为蒙版，如图 10-33 所示。

图 10-32　　图 10-33

10.2.4　反相蒙版

利用反相蒙版功能可以将蒙版效果反相，即将遮盖和显示的区域互换。选择蒙版后在"属性"面板中单击"反相"选项，就能互换蒙版的遮盖和显示区域。

选择蒙版后，单击"属性"面板下方的"反相"按钮，如图 10-34 所示，即可将蒙版效果反相。蒙版原遮盖效果与反相后效果，如图 10-35 和图 10-36 所示。

图 10-34

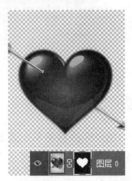
图 10-35

图 10-36

10.3　认识并应用通道

通道主要用于存储图像颜色信息和选择范围，图像的通道信息可通过"通道"面板进行查看，还可利用"通道"面板查看通道类型、复制通道或将通道转换为选区等等信息。利用"图像"菜单中的命令对通道进行高级计算，可以用来更改图像色彩效果或合成特殊画面。

10.3.1　"通道"面板

打开任意一幅图像后就可在"通道"面板中查看到图像的通道信息，执行"窗口 > 通道"菜单命令就可打开"通道"面板，面板中会以图像的颜色模式显示通道的数量和名称。

打开一幅 RGB 颜色模式的图像，在"通道"面板中可看到组成该图像的 RGB 通道信息，如图 10-37 所示。单击"红"通道，可隐藏其他颜色通道，如图 10-38 所示，在图像窗口中以灰度效果显示通道图像，如图 10-39 所示。

图 10-37

图 10-38

图 10-39

10.3.2　通道的类型

通道作为图像的重要组成部分，既显示了图像的颜色信息，也可以在通道中创建新的通道用以辅助图像进行选取或对颜色进行调整。根据通道的用途将其分为复合通道、颜色通道、Alpha 通道、临时通道和专色通道，接下来会对各种类型的通道做进一步介绍。

1　复合通道和颜色通道

复合通道只是同时预览并编辑所有颜色通道的一个快捷方式，根据图像颜色模式决定复合通道和颜色通道的名称。如图 10-40 所示为打开的 RGB 颜色模式的图像，在"通道"面板中可看到 RGB 为复合通道，红、绿、蓝为颜色通道，如图 10-41 所示。

图 10-40　　　　　　　　图 10-41

2　Alpha通道

Alpha 通道用于保存选区范围的同时，不会影响图像的显示和印刷效果。在"通道"面板中单击"创建新通道"按钮 ，即可新建一个 Alpha 通道。若在创建完选区后单击"将选区创建为通道"按钮 ，即可新建 Alpha 通道存储选区，如图 10-42 所示即为创建 Alpha1 通道后的效果。

图 10-42

3　临时通道

临时通道是临时存在的通道，用于暂时保存选区信息，在创建了图层蒙版、调整图层后或进入快速蒙版模式编辑状态下都会产生一个临时通道。在"图层"面板中选中创建的调整图层，这时在"通道"面板中可看到出现的临时通道，如图 10-43 所示，在"图层"面板中单击"色阶 1"调整图层，此时可以看到"通道"面板中的"色阶 1 蒙版"临时通道，如图 10-44 所示。

图 10-43　　　　　　　　图 10-44

4　专色通道

专色通道是可以保存专色信息的通道，可作为一个专色版应用到图像和印刷中。在"通道"面板中单击右上角的扩展按钮 ，在打开的菜单中选择"新建专色通道"命令，可打开"新建专色通道"对话框。在对话框中设置通道名称和油墨颜色，如图 10-45 所示，单击"确定"按钮，在"通道"面板中创建专色通道，如图 10-46 所示。

图 10-45　　　　　　　　图 10-46

10.3.3　复制通道

在"通道"中直接编辑颜色通道，会改变图像的色彩效果，所以当需要利用颜色通道创建选区时，需要先复制颜色通道进行编辑。要再复制通道，可通过面板菜单中的"复制通道"命令来完成。

选择颜色通道后，单击"通道"面板右上角的扩展按钮 ，在打开的面板菜单中选择"复制通道"选项，如图 10-47 所示，打开"复制通道"面板，如图 10-48 所示，在对话框中设置通道名称，设置后即可复制选择的颜色通道，如图 10-49 所示。

图 10-47　　　　　　　　　　图 10-48　　　　　　　　　　图 10-49

📖 **知识补充**

在"通道"面板中复制通道与复制图层的操作方法相同。在"通道"面板中选择颜色通道后，向下拖曳到"创建新通道"按钮 🔳 上，即可快速复制通道。

10.3.4　通道与选区的转换

在"通道"面板中单击每个存储着图像的选区通道。若要将通道转换为选区，方法是单击"通道"面板下方的"将通道作为选区载入"按钮 🔳，即可根据选中颜色通道的灰度值创建选区，通道中的白色为选择区域、灰色为半透明区域、黑色为未选择区域。

在"通道"面板中选中一个颜色通道，如图 10-50 所示，单击面板下方的"将通道作为选区载入"

按钮 🔳，如图 10-51
所示，将通道转换为选区，
如图 10-52 所示；也可
以按住 Ctrl 键，单击"通
道"面板中的颜色通道
缩览图。

图 10-50　　　　　　　　　　图 10-51　　　　　　　　　　图 10-52

10.3.5　应用图像

利用"应用图像"命令可将图像的图层和通道"源"与现用图像的"目标"图层和通道相互混合，达到更改图像色调的作用。执行"图像 > 应用图像"菜单命令，在打开的"应用图像"对话框中可设置混合的图层和通道信息。

打开素材图像，如图 10-53 所示，执行"图像 > 应用图像"菜单命令，在打开的"应用图像"对
话框中设置应用图像的
源、图层以及混合模式，
如图 10-54 所示，设置
完成后单击"确定"按
钮，图像将转换为黑白
效果，如图 10-55 所示。

图 10-53　　　　　　　　　　图 10-54　　　　　　　　　　图 10-55

10.3.6 计算通道

　　"计算"命令可将一个或两个图像中的不同通道进行混合，计算后可得到一个新通道、文档或选区。执行"图像 > 计算"菜单命令，在打开的"计算"对话框中，对选项进行设置，即可混合得到黑、白、灰显示的效果，并选择计算结果。

　　打开两幅图像后，执行"图像 > 计算"菜单命令，在打开的"计算"对话框中设置用于计算的通道以及通道计算结果的存储方式等选项，如图10-56所示。计算后可看到混合图像后产生的黑白图像效果，计算图像前后的对比效果如图 10-57 和 图 10-58 所示。

图 10-56

图 10-57

图 10-58

实例 1　利用蒙版合成图像

　　需要替换人物图像背景时，可通过图层蒙版快速完成。将两个图像复制到同一文档中，添加图层蒙版后利用蒙版的遮盖功能来遮盖人物原背景区域，替换背景合成新的画面效果，再利用各种调整命令使画面中的色调和明暗对比度相统一，增强画面意境，让合成效果更自然。

| 原始文件：随书资源 \ 素材 \10\01.jpg、02. jpg |
| 最终文件：随书资源 \ 源文件 \10\ 利用蒙版合成图像 .psd |

1 打开原始文件"01.jpg"，如图 10-59 所示，按下快捷键 Ctrl+A、Ctrl+C，全选并复制图像，再打开原始文件"02.jpg"，按下快捷键 Ctrl+V，粘贴复制的人物图像，得到"图层 1"，如图 10-60 所示。

2 在"图层"面板下方单击"添加图层蒙版"按钮，为"图层 1"添加图层蒙版，如图 10-61 所示。选择"画笔工具"在其选项栏中选择画笔类型并设置大小，更改前景色为黑色。使用"画笔工具"在人物图像背景区域进行涂抹，利用蒙版遮盖涂抹区域图像，如图 10-62 所示。

图 10-59

图 10-60

图 10-61

图 10-62

3 按下 [键快速缩小画笔，然后按下快捷键 Ctrl++ 放大图像，使用画笔在人物边缘进行细致的涂抹，只保留人物图像，如图 10-63 所示。

4 编辑图层蒙版后，按住 Ctrl 键的同时单击蒙版缩览图，载入蒙版为选区，在图像中可看到人物图像已被添加到选区内，如图 10-64 所示。

图 10-63　　　　　　　　　图 10-64

5 为选区内图像创建"色彩平衡 1"调整图层，在打开的"属性"面板中选择色调为"中间调"，设置参数依次为 +14、0、-22，如图 10-65 所示，再选择色调为"高光"，调整下方选项参数依次为 +15、0、-10，如图 10-66 所示。

图 10-65　　　　　　　　　图 10-66

6 设置"色彩平衡"调整图层后，在画面中可看到更改了选区内人物图像的颜色，人物与背景区域色调得到统一，如图 10-67 所示。

7 按住 Ctrl 键的同时单击"色彩平衡 1"蒙版缩览图，载入"色彩平衡 1"蒙版为选区，如图 10-68 所示。

图 10-67　　　　　　　　　图 10-68

8 创建"色阶 1"调整图层，在打开的"属性"面板中对色阶选项进行设置，拖曳各滑块依次到 18、1.27、255 位置，如图 10-69 所示，设置后可看到人物图像的亮度被提高，效果如图 10-70 所示。

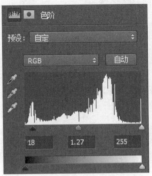

图 10-69　　　　　　　　　图 10-70

9 再次载入图层蒙版为选区，将人物创建到选区内，创建"选取颜色 1"调整图层，在"属性"面板中将颜色选择为"白色"并调整下方选项参数，如图 10-71 所示，设置后增强画面中的白色效果，如图 10-72 所示。

图 10-71　　　　　　　　　图 10-72

10 创建"亮度 / 对比度 1"调整图层，在"属性"面板中设置"亮度"为 -5、"对比度"为 60，如图 10-73 所示，设置后提高画面对比度效果，如图 10-74 所示。

图 10-73　　　　　　　　　图 10-74

11 选择"画笔工具"在图像中的人物皮肤区域进行涂抹，利用调整图层中的蒙版遮盖被涂抹区域中显现的亮度效果与对比效果，使皮肤恢复正常颜色，如图 10-75 和图 10-76 所示。

12 按下 Ctrl 键不放，单击"亮度 / 对比度 1"蒙版缩览图，载入选区，如图 10-77 所示，执行"选择 > 反向"菜单命令，反选选区，如图 10-78 所示。

图 10-75　　　　　图 10-76

图 10-77　　　　　图 10-78

13 创建"色阶 2"调整图层，依次设置滑块至 19、1.28、229 位置，如图 10-79 所示，提亮选区内人物皮肤，最后添加文字和图案修饰画面，如图 10-80 所示。

图 10-79　　　　　图 10-80

实例 2　利用通道精确抠图

在合成图像时，为了更准确地抠取到需要的图像，可利用通道抠图法选取图像并合成新的画面效果。在"通道"面板中复制颜色通道，对通道中的黑白图像进行编辑，以黑、白两色区分通道图像，然后将通道载入为选区，即可抠取图像，并为其替换漂亮的背景。

> 原始文件：随书资源 \ 素材 \10\03.jpg、04.jpg
>
> 最终文件：随书资源 \ 源文件 \10\ 利用通道精确抠图 .psd

1 打开原始文件"03.jpg"，如图 10-81 所示，执行"窗口 > 通道"菜单命令，在打开的"通道"面板中单击"蓝"通道并向下拖曳到"创建新通道"按钮 上，复制通道得到通道拷贝，在图像窗口中可看到复制通道的灰度图像效果，如图 10-82 所示。

2 执行"图像 > 调整 > 色阶"菜单命令或按下快捷键 Ctrl+L，打开"色阶"对话框，在对话框中将黑色滑块向右拖曳到 67、白色滑块向左拖曳到 174，如图 10-83 所示，确认设置后，可看到增强了对比度的画面效果，如图 10-84 所示。

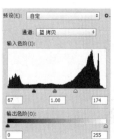

图 10-81　　　　　图 10-82　　　　　图 10-83　　　　　图 10-84

3 设置前景色为白色,使用"画笔工具"在图像中人物背景区域上的黑色杂点区域进行涂抹,将背景区域绘制为白色,如图 10-85 所示。

4 设置前景色为黑色,使用"画笔工具"在人物图像上进行涂抹,将人物区域绘制为黑色,如图 10-86 所示。

图 10-85　　　　　图 10-86

5 在"通道"面板中单击"将通道作为选区载入"按钮,将图像中白色区域创建为选区,如图 10-87 所示,然后单击 RGB 通道,返回原图像中,按下快捷键 Ctrl+Shift+I,反选选区,将人物创建为选区,如图 10-88 所示。

图 10-87　　　　　图 10-88

6 按下快捷键 Ctrl+J,复制选区内图像得到"图层 1"图层,如图 10-89 所示,打开原始文件"04.jpg",将打开的背景图像复制到人物图像中,得到"图层 2",如图 10-90 所示。

图 10-89　　　　　图 10-90

7 按下快捷键 Ctrl+[,向下移动图层,将"图层 2"移动到"图层 1"下方,在图像窗口中可看到为人物替换了背景图像后的效果,如图 10-91 所示。

8 选中"图层 1"后,载入人物图像区域为选区,打开"调整"面板,单击"可选颜色"按钮,如图 10-92 所示,创建"选取颜色 1"调整图层。

图 10-91　　　　　图 10-92

9 设置"属性"面板中显示的"可选颜色"选项,选择"红色"选项,将参数依次设置为 -31、+15、+18、-37,如图 10-93 所示,单击"颜色"下拉按钮,选择颜色为"中性色",如图 10-94 所示。

图 10-93　　　　　图 10-94

10 确保"中性色"为选中状态,调整下方选项参数依次为 -21、-7、-9、-1,如图 10-95 所示,设置后人物图像颜色被调整,如图 10-96 所示。

图 10-95　　　　　图 10-96

11 再次载入人物图像为选区，为选区创建"色阶 1"调整图层，在打开选项中拖曳滑块到 33、1.46、255，如图 10-97 所示。选择通道为"红"，拖曳滑块到 23、1.09、246，如图 10-98 所示。

12 选择通道为"蓝"，拖曳滑块依次到 21、1.06、234，如图 10-99 所示，设置后在图像窗口中可看到增强了人像明暗对比度和色调后的效果，如图 10-100 所示。

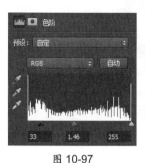
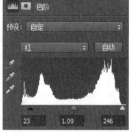

图 10-97　　　　　图 10-98

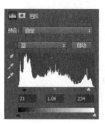

图 10-99　　　　　图 10-100

实例 3　编辑颜色通道更改色调

通道存储了图像的所有颜色信息，在调整图像色调时，可通过编辑颜色通道改变图像色调，对不同颜色通道进行复制和粘贴，快速改变画面色调，再填充柔和的白色晕影效果，制作出具有清新感的画面效果。

原始文件：随书资源 \ 素材 \10\05.jpg
最终文件：随书资源 \ 源文件 \10\ 编辑颜色通道更改色调 .psd

1 打开原始文件，在"图层"面板中单击"背景"图层并向下拖曳到"创建新图层"按钮　上，复制图层，得到"背景拷贝"图层，如图 10-101 所示。

图 10-101

2 打开"通道"面板，单击选中"绿"通道，然后按下快捷键 Ctrl+A，全选图像，将通道图像创建到选区内，并按下快捷键 Ctrl+C，复制图像，如图 10-102 所示。

图 10-102

3 在"通道"面板中单击选中"蓝"通道，如图 10-103 所示，按下快捷键 Ctrl+V，粘贴上一步中复制的"绿"通道，然后单击 RGB 通道，如图 10-104 所示，显示所有通道。

图 10-103　　　　　图 10-104

4 编辑通道后，在图像窗口中可看到更改了色调的效果，如图 10-105 所示。

图 10-105

5 选中"椭圆选框工具",在工具选项栏中设置"羽化"值为 100 像素,然后使用"椭圆选框工具"在图像的中间位置单击并拖曳,绘制一个椭圆选区,如图 10-106 所示。

图 10-106

6 执行"选择 > 反向"菜单命令,反向选区,在"图层"面板中新建图层,并为选区填充白色,如图 10-107 所示,制作出白色晕影效果,然后按下快捷键 Ctrl+D,取消选区。

图 10-107

7 创建"自然饱和度 1"调整图层,在"属性"面板中设置"自然饱和度"为 +100、"饱和度"为 +25,如图 10-108 所示,增强画面色彩的艳丽度。

图 10-108

8 在"图层"面板中创建"色阶 1"调整图层,在"属性"面板中设置色阶选项,拖曳下方滑块依次到 60、1.81、255 位置,如图 10-109 所示,设置后画面明暗对比效果被增强。

图 10-109

9 选择"横排文字工具",在"字符"面板中设置字体、字体大小等选项参数,颜色设置为蓝色(R3、G167、B167),设置后在画面中输入一行文字,并利用"移动工具"移动文字到适当位置,如图 10-110 所示。

图 10-110

10 使用"横排文字工具"在图像中继续输入两行文字,选择"移动工具"后,按下快捷键 Ctrl+T,使用变换编辑框对文字大小等选项进行设置,效果如图 10-111 所示。

图 10-111

11 最后在画面中添加上一些装饰性小元素,丰富画面效果,一幅色调清新的艺术图像便制作完成,如图 10-112 所示。

图 10-112

实例4   合成梦幻的电影人物海报

　　想要图像展现出梦幻的合成效果，可在制作时利用通道的计算功能，将两个图像的颜色通道进行混合，得出新的通道效果，在人物画面中复制混合的通道图像，得到梦幻般的人物影像，再对画面颜色和明暗度进行调整，调出神秘的暗蓝色，展现出梦幻特效般的电影人物海报效果。

原始文件：随书资源 \ 素材 \10\06.jpg、07.jpg

最终文件：随书资源 \ 源文件 \10\ 合成梦幻的电影人物海报 .psd

1 执行"文件 > 打开"菜单命令，同时打开原始文件"06.jpg"和"07.jpg"，如图 10-113 和图 10-114 所示，在人物文件中执行"图像 > 计算"菜单命令，打开"计算"对话框。

图 10-113　　　　　　图 10-114

2 在"计算"对话框中设置"源1"为 06.jpg，"源2"为 07.jpg，通道为"蓝"，混合为"滤色"，如图 10-115 所示。

图 10-115

3 确认设置后计算结果将在"通道"面板中显示，可查看到通过计算得到的 Alpha1 通道，如图 10-116 所示，在图像窗口中可看到通过计算得到的特殊的画面效果，如图 10-117 所示。

图 10-116　　　　　　图 10-117

4 按下快捷键 Ctrl+A、Ctrl+C，全选并复制通道图像，在"通道"面板中单击 RGB 通道，如图 10-118 所示，显示原图像通道，并按下快捷键 Ctrl+V，粘贴复制的图像，得到"图层 1"，如图 10-119 所示。

图 10-118　　　　　　图 10-119

5 复制"背景"图层，得到"背景拷贝"图层，向上移动到"图层 1"上方，如图 10-120 所示，设置其图层混合模式为"颜色"，混合图层后可看到为人物混合出的色彩效果，如图 10-121 所示。

图 10-120　　　　　　图 10-121

6 在"调整"面板中单击"色彩平衡"按钮，如图 10-122 所示，创建"色彩平衡 1"调整图层，在"属性"面板中选择色调为"阴影"，在下方调整各选项参数依次为 -35、0、+43，如图 10-123 所示。

图 10-122

图 10-123

图 10-128　　　　　　　　　图 10-129

7 选择色调为"高光",调整下方选项参数依次为 -2、0、+25,如图 10-124 所示,调出蓝色调画面,效果如图 10-125 所示。

图 10-124　　　　　　　　图 10-125

8 创建"选取颜色 1"调整图层,在"属性"面板中对"可选颜色"选项进行设置,选择颜色为"洋红",设置下方选项参数值依次为 -100、+100、0、0,如图 10-126 所示。

9 此时在图像窗口中可查看到增强了洋红色调后的画面效果,如图 10-127 所示。

图 10-126　　　　　　　　图 10-127

10 创建"色相 / 饱和度 1"调整图层,在"属性"面板中选择颜色为"红色",设置"饱和度"为 -100,如图 10-128 所示。选择颜色为"洋红",设置"饱和度"为 -42,如图 10-129 所示。

11 设置后降低了画面人物皮肤的色彩饱和度,然后使用黑色的"画笔工具"在人物嘴唇区域进行涂抹,显示出红润的嘴唇效果,如图 10-130 和图 10-131 所示。

图 10-130　　　　　　　　图 10-131

12 选择"椭圆选框工具",在其选项栏中设置羽化值为 100 像素,设置后使用该工具在图像中的人物头部区域绘制一个椭圆选区,如图 10-132 所示。

13 为选区内图像创建"色阶 1"调整图层,在"属性"面板中对色阶选项进行设置,使用鼠标依次拖曳各滑块至 26、1.37、225 位置,如图 10-133 所示。

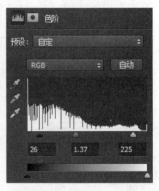

图 10-132　　　　　　　　图 10-133

14 设置"色阶1"调整图层后,在"图层"面板中可看到选区外的部分作为蒙版被黑色填充,在图像窗口中可查看到选区内图像增强了亮度后的效果,如图 10-134 所示。

15 在"调整"面板中单击"亮度/对比度"按钮,新建"亮度/对比度1"调整图层,在"属性"面板中设置"亮度"为 -10、"对比度"为 30,如图 10-135 所示。

图 10-134   图 10-135

16 设置"亮度/对比度1"调整图层后,在画面中可查看到增强了图像整体的对比强度,如图 10-136 所示。

17 使用文字工具在图像左下方输入大小不一的白色文字,排列组合到一起,然后将文字栅格化并合并到一个图层中,如图 10-137 所示。

图 10-136   图 10-137

18 为合并后的文字图层添加为"外发光"图层样式,在"图层样式"对话框中设置外发光选项,设置"不透明度"为 100%、"大小"为 20 像素、颜色为 R6、G77、B239,如图 10-138 所示,确认设置后可看到添加了"外发光"样式的文字效果,如图 10-139 所示。

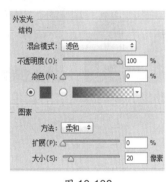 

图 10-138   图 10-139

10.4 本章小结

  蒙版和通道是 Photoshop CC 中较为重要的功能,将通道与蒙版结合起来运用,可以制作出精美的图像效果。本章主要讲述了蒙版的分类、蒙版的编辑与应用、通道的类型及应用、计算通道图像等知识。读者在学习的过程中能够对蒙版和通道有更为全面的了解,并且可以运用所学知识,结合蒙版与通道功能对图像进行更深入的编辑与设计。

10.5 思考与练习

1. 填空题

  (1)Photoshop CC 中,蒙版可以分为 _____、_____、_____ 和 _____。

  (2)创建图层蒙版后,按下 _____ 键单击 _____ 可以从图层蒙版中载入选区。

（3）在"图层"面板中，单击"_____"按钮可以为当前图层创建图层蒙版，按住 _____ 键单击该按钮，可以为当前图层创建矢量蒙版。

（4）Photoshop CC 中，通道可以分为 _____、_____、_____、_____ 和 _____ 几种。

（5）在"通道"面板中可以创建 _____ 通道和 _____ 通道。

2. 问答题

（1）Photoshop CC 中有哪些创建图层蒙版的方法？

（2）怎样创建和释放剪贴蒙版？

（3）怎样打开"图层蒙版显示选项"对话框？

（4）运用通道计算或应用图像时，需要有哪些注意事项？

3. 上机题

（1）打开随书资源 \ 上机题 \ 素材 \10\01.jpg、02.jpg，如图 10-140 和图 10-141 所示，运用图层蒙版制作创意图像，效果如图 10-142 所示。

  图 10-140   图 10-141   图 10-142

（2）打开随书资源 \ 上机题 \ 素材 \10\03.jpg，如图 10-143 所示，利用"通道"抠出人物飘逸的长发，并为其添加新的背景图像（随书资源 \ 上机题 \ 素材 \10\04.jpg），效果如图 10-144 所示。

    图 10-143   图 10-144

（3）打开随书资源 \ 上机题 \ 素材 \10\05.jpg、06.jpg，如图 10-145 和图 10-146 所示，通过创建剪贴蒙版合成街头涂鸦效果，如图 10-147 所示。

  图 10-145   图 10-146   图 10-147

第 11 章

滤镜的特殊效果

Photoshop CC 的滤镜功能可为图像设置出各种特殊的艺术化效果，这些滤镜命令都位于"滤镜"菜单中且分类有序存放，包括了多种独立滤镜和滤镜组中的各式滤镜命令，每种滤镜都可单独应用到图像中，也可以将各种滤镜结合使用，制作出别具一格的画面效果。

11.1　独立滤镜的运用

"滤镜"菜单中的滤镜分为独立滤镜和分类滤镜的滤镜命令组，独立滤镜是具有独特功能的滤镜，包括镜头校正、液化、消失点和自适应广角等，选择独立滤镜命令后，在打开的相应对话框中对图像进行设置，即可处理出需要的效果。

11.1.1　镜头校正

"镜头校正"滤镜可以校正图像的拍摄角度、几何扭曲形态、透视效果、边缘色差以及对晕影进行添加和消除等操作，对图像执行"滤镜 > 镜头校正"菜单命令，即可打开"镜头校正"对话框，在对话框中可选择"自动校正"和"自定"两种方式来进行设置。

1 镜头校正自定选项

打开一幅图像，如图 11-1 所示，执行"滤镜 > 镜头校正"菜单命令后，在其对话框右侧单击"自定"标签，在显示的自定选项中进行设置。若想移除画面的扭曲效果，具体设置如图 11-2 所示。

2 设置晕影

在"自定"标签下利用"晕影"选项可为画面设置白色或黑色的晕影效果，利用"数量"和"中点"控制晕影范围，选项设置如图 11-3 所示，设置后的画面晕影效果如图 11-4 所示。

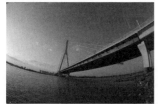

图 11-1　　　　　　图 11-2

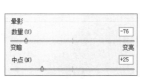

图 11-3

图 11-4

11.1.2　"液化"滤镜

"液化"滤镜主要用于对像素进行扭曲变形以得到需要的扭曲变形效果，执行"滤镜 > 液化"菜单命令后，可利用"液化"对话框左侧工具栏中的各种工具在图像预览框中对图像进行向前变形、重建、褶皱、膨胀、左推、缩放等操作。

打开一幅需要进行液化变形的图像，如图 11-5 所示，在"液化"对话框中，使用变形工具对人物眼睛进行液化变形调整，让眼睛恢复相同大小，如图 11-6 所示。

图 11-5

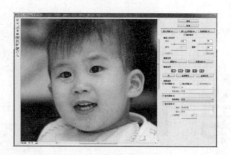
图 11-6

11.1.3 "消失点"滤镜

"消失点"滤镜用于改变图像的平面角度和校正透视角度等。执行"滤镜 > 消失点"菜单命令,在打开的"消失点"对话框中创建一个平面区域,图像将以创建的平面角度自动调整透视角度,与此同时还可在平面中进行仿制、复制、粘贴以及变换等编辑操作。

打开一幅图像,如图 11-7 所示,复制"背景"图层,执行"液化 > 滤镜"菜单命令,在"液化"对话框中创建一个平面区域,并将图像粘贴到平面内,然后调整粘贴到平面中的图像的大小和位置,由此可以看到图像自动调整了透视角度以适应平面区域,如图 11-8 所示。

图 11-7

图 11-8

11.1.4 自适应广角

"自适应广角"滤镜主要用于校正所拍摄照片的广角效果,使用该命令前,需要启用"使用图形处理器"功能,再对图像执行"滤镜 > 自适应广角"菜单命令,才能打开"自适应广角"对话框,在对话框中可选择校正的方式为鱼眼、透视或自动模式,并可利用左侧工具栏中的工具绘制校正的透视角度、区域等,以调整画面广角效果。

打开一幅图像,如图 11-9 所示,执行"滤镜 > 自适应广角"菜单命令后,在"自适应广角"对话框中可看到图像自动调整了广角效果。也可以在右侧选项中对各选项进行调整,更改画面为鱼眼效果,效果如图 11-10 所示。

图 11-9

图 11-10

📖 **知识补充**

启用图形处理器功能需执行"编辑 > 首选项 > 性能"菜单命令,打开"首选项"对话框,在右下方"性能"选项卡中勾选"使用图形处理器"复选框。

11.2 认识其他滤镜组

在"滤镜"菜单命令中罗列了很多分类滤镜组，以其功能划分为风格化、画笔描边、模糊、扭曲、锐化、视频、素描、纹理、像素化、渲染、艺术效果、杂色和其他共 13 个滤镜组，这些滤镜组可为图像设置扭曲变形效果、艺术绘画效果或是添加特殊纹理等等，为图像创建出更漂亮的艺术效果。

11.2.1 "风格化"滤镜组

"风格化"类滤镜在图像上的应用效果体现为质感或亮度，使图像在样式上产生变化，并能模拟出风吹的效果。"风格化"滤镜子菜单中包括"查找边缘""等高线""风""浮雕效果"等滤镜。选择滤镜命令后会自动创建滤镜效果，或打开相应的对话框手动设置滤镜效果。

打开一幅图像，为其应用"风格化"滤镜命令，可为图像设置出风吹效果，原图像和设置风格化后的图像对比效果，如图 11-11 和图 11-12 所示。应用"查找边缘"滤镜，可根据画面亮度，显示出清晰的边缘线条，效果如图 11-13 所示。

图 11-11

图 11-12

图 11-13

11.2.2 "画笔描边"滤镜组

利用"画笔描边"滤镜组中的各滤镜命令，可模拟不同画笔或笔刷勾勒出的图像效果。"画笔描边"滤镜组中包括了"成角的线条""墨水轮廓""喷溅""喷色描边""强化的边缘"等 8 种命令，选择命令后将会打开"滤镜库"对话框，对该组滤镜进行设置。

1 在滤镜库中设置选项

打开一幅图像，效果如图 11-14 所示，执行"滤镜 > 滤镜库"命令，即可打开"滤镜库"对话框，在滤镜库中单击"画笔描边"滤镜组并单击"半调图案"滤镜，此时对话框右侧会显示出对应的滤镜选项，左侧的预览框则会显示应用滤镜后的效果，如图 11-15 所示。

2 切换滤镜

"素描"滤镜组中的滤镜命令都可在滤镜库中进行设置和选择，当需要其他滤镜效果时，单击滤镜名称，即可在右侧预览框中重新设置滤镜选项，如图 11-16 所示，切换滤镜后的图像效果如图 11-17 所示。

图 11-14

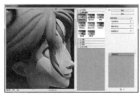

图 11-15

图 11-16

图 11-17

📖 **知识补充**

在滤镜库中可预览选择的滤镜设置效果，便于在各种滤镜间进行切换。还可以在对话框中同时添加多个滤镜效果图层，为图像应用多个滤镜效果，方法是单击滤镜库右下方的"添加效果图层"按钮 ，如图 11-18 所示，即可复制一个滤镜效果图层，再选择其他滤镜应用在图像上即可。

图 11-18

11.2.3 "扭曲"滤镜组

"扭曲"滤镜组中的滤镜命令可移动、扩展或缩小构成图像的像素，将原图像变为玻璃、水纹、球面化等形态。"扭曲"滤镜组中共有"波浪""海洋波纹""极坐标""切变""旋转扭曲"等 12 种不同的扭曲滤镜命令。

打开一幅图像，如图 11-19 所示，设置"海洋波纹"滤镜，可产生逼真的波纹效果，如图 11-20 所示；设置"波浪"滤镜，可模拟逼真的波浪效果，如图 11-21 所示。

图 11-19　　　　　　图 11-20　　　　　　图 11-21

11.2.4 "素描"滤镜组

"素描"滤镜组可以表现用钢笔或木炭绘制出的草图效果，该滤镜组中的滤镜是用前景色代表暗部，背景色代表亮部，并且在设置滤镜前需在工具箱中先设置颜色，以确定画面中的颜色效果。"素描"滤镜组中包括"半调图案""便条纸""炭笔"等 14 个滤镜命令。

打开一幅素材图像，效果如图 11-22 所示，为其应用"素描"滤镜组中的"半调图案"和"炭笔"滤镜，如此可将画面效果转换为素描绘画效果，如图 11-23 和图 11-24 所示。

图 11-22　　　　　　图 11-23　　　　　　图 11-24

11.2.5 "纹理"滤镜组

"纹理"滤镜组用于在图像上添加特殊的纹理效果，让画面显得更有质感。该滤镜组中包含"龟裂纹""马赛克拼贴""颗粒"等 6 种滤镜命令，可对图像添加上不同质感的纹理效果。

打开一幅图像，如图 11-25 所示，对其应用"纹理"滤镜，可在画面中展现出砖形的墙面纹理效果，如图 11-26 所示；对图像应用"龟裂纹"命令，画面会展现出龟裂般的纹理效果，如图 11-27 所示。

图 11-25 图 11-26 图 11-27

11.2.6 "艺术效果"滤镜组

"艺术效果"滤镜组中包含了各种绘画风格和绘画手法的滤镜，应用这些滤镜可以使一幅普通的图像展现出具有艺术风格的绘画效果，如油画、水彩画、铅笔画、粉笔画等。"艺术效果"滤镜组中提供了"壁画""彩色铅笔""底纹效果""海绵"等 16 种艺术效果滤镜。

打开一幅图像，如图 11-28 所示，对其应用"干画笔"滤镜命令，可模拟出干画笔绘图效果，如图 11-29 所示；对其应用"绘画涂抹"滤镜命令，可为图像设置出清晰的绘画涂抹纹理，如图 11-30 所示。

图 11-28 图 11-29 图 11-30

11.2.7 "模糊"滤镜组

"模糊"滤镜组中的各种滤镜命令可将图像像素的边线设置为模糊状态，使画面表现出速度感或晃动感，也可以利用模糊命令将部分图像模糊以突出显示部分图像。该滤镜组中提供了"表面模糊""高斯模糊""动感模糊""径向模糊"等 11 个模糊滤镜。

打开一幅图像，使用选区工具选择出要进行模糊处理的图像范围，如图 11-31 所示，对其应用"高斯模糊"滤镜，模糊选区内的图像，如图 11-32 所示；应用"径向模糊"滤镜，可产生缩放模糊效果，如图 11-33 所示。

图 11-31 图 11-32 图 11-33

11.2.8 "模糊画廊"滤镜组

Photoshop CC 添加了全新的"模糊画廊"滤镜组，用于模拟不同场景、光圈条件下拍摄产生的自然模糊效果。"模糊画廊"滤镜组中包括了"场景模糊""光圈模糊""移轴模糊""路径模糊""旋转模糊"5 个滤镜。执行其中一个滤镜命令后，可打开"模糊画廊"，在右侧的选项栏中可选择模糊类型并调整模糊选项，控制图像的模糊效果。

打开一幅图像，如图 11-34 所示，执行"滤镜 > 模糊画廊 > 光圈模糊"菜单命令，在打开的"模糊画廊"中调整模糊的焦点位置，模糊焦点外的图像，如图 11-35 所示。若应用"路径模糊"功能，则会根据绘制的路径模糊图像，如图 11-36 所示。

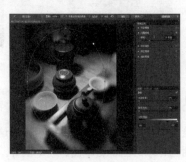
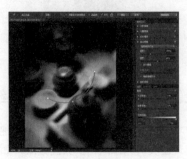

图 11-34　　　　　　　　图 11-35　　　　　　　　图 11-36

11.2.9　"锐化"滤镜组

"锐化"滤镜组中的滤镜可通过增加相邻像素的对比度，使模糊的图像具有更加明显的轮廓，从而起到锐化图像的作用，使模糊的效果变得清晰起来。"锐化"滤镜中包括"USM 锐化""防抖""进一步锐化""锐化""智能锐化""锐化边缘"6 种锐化滤镜。

打开一幅模糊的图像，效果如图 11-37 所示，对其应用"USM 锐化"滤镜，就能将原本模糊的图像变得清晰，锐化图像后效果如图 11-38 所示。

图 11-37　　　　　　　　　　　图 11-38

11.2.10　"像素化"滤镜组

"像素化"滤镜可让图像的像素效果发生明显变化，通过将颜色值相近的像素结块来制作晶格状、点状和马赛克状等特殊效果。"像素化"滤镜组中包含"彩块化""彩色半调""点状化""晶格化""马赛克""碎片""铜板雕刻"7 种滤镜。

打开图像，如图 11-39 所示，执行"滤镜 > 像素化 > 点状化"菜单命令，可改变图像像素，使图像产生点状绘画般的效果，如图 11-40 所示。

图 11-39　　　　　　　　　　　图 11-40

11.2.11 "渲染"滤镜组

应用"渲染"滤镜组可以使图像产生不同程度的三维造型效果、光线照射效果或特殊光晕效果。该滤镜组中包括"分层云彩""光照效果""镜头光晕"等多种不同的滤镜。

打开一幅图像，如图 11-41 所示，对该图像应用"光照效果"，提亮中间主体图像的视觉效果，再利用"镜头光晕"滤镜命令，为画面添加耀眼的光晕效果，设置渲染滤镜效果如图 11-42 所示。

图 11-41

图 11-42

11.2.12 "杂色"滤镜组

"杂色"滤镜组可以删除图像因为扫描而产生的杂点，常用于图像的后期打印输出。此外，在处理图像时，也可以通过在图像中添加杂色来表现出怀旧的氛围，执行"滤镜 > 杂色"菜单命令，在子菜单中可看到"减少杂色""蒙尘与划痕""去斑""添加杂色""中间值"5 种滤镜。

打开一幅旧照片，如图 11-43 所示，执行"滤镜 > 杂色 > 添加杂色"菜单命令，为画面添加杂色效果，增强旧照片的质感，效果如图 11-44 所示。

图 11-43

图 11-44

11.2.13 "其他"滤镜组

通过"其他"滤镜组中的滤镜可改变构成图像的像素排列，从而更改画面效果。该滤镜组包括"高反差保留""位移""最小值"等 5 个滤镜，其中的"自定"滤镜命令可以自定义各种需要的特殊滤镜效果。

打开一幅图像，如图 11-45 所示，对其应用"高反差保留"滤镜命令，然后调整图像亮度，表现出轮廓图像轮廓效果，如图 11-46 所示；对其应用"最大值"滤镜命令，可提亮画面的高光部分，效果如图 11-47 所示。

图 11-45

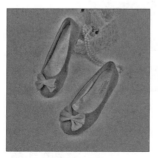
图 11-46

图 11-47

实例1 为照片添加晕影效果

应用 Photoshop CC 对照片进行处理时，为了突出画面中主体对象，可通过"镜头校正"滤镜为画面添加晕影效果，变暗背景区域，并利用调整图层对要突出的主体对象进行提亮，再通过对其他滤镜命令进行设置，柔化画面光线，完善照片影像。

原始文件：随书资源\素材\11\01.jpg
最终文件：随书资源\源文件\11\为照片添加晕影效果.psd

1 打开原始文件，在"图层"面板中复制"背景"图层，得到"背景拷贝"图层，执行"滤镜 > 镜头校正"菜单命令，在打开的"镜头校正"对话框中单击"自定"选项卡，在自定选项中设置"晕影"选项，如图 11-48 所示，将"数量"和"中点"选项滑块拖曳到最左侧，设置完成后单击"确定"按钮，添加晕影效果。

图 11-48

2 选择"椭圆选框工具"，在其选项栏中设置羽化选项参数为 100 像素，使用该工具在画面中的人物区域进行拖曳，绘制椭圆选区，然后在"调整"面板中单击"色阶"按钮，如图 11-49 所示，创建"色阶1"调整图层。

图 11-49

3 在打开的"属性"面板中对色阶选项进行设置，使用鼠标拖曳下方滑块依次到 28、1.93、179 位置，设置调整图层后，可看到选区内的图像被提亮，如图 11-50 所示。

图 11-50

4 创建"选取颜色1"调整图层，在"属性"面板中选择颜色为"红色"，设置其参数值为 +44、-11、+5、+8，调整画面的红色调效果，如图 11-51 所示。

图 11-51

5 创建"自然饱和度1"调整图层，在打开的"属性"面板中设置"自然饱和度"为 +100，设置后可看到画面中色彩饱和度被增强后的效果，如图 11-52 所示。

图 11-52

6 设置前景色为黑色，使用"画笔工具"在图像中的人物皮肤区域进行涂抹，利用调整图层蒙版，遮盖被涂抹区域的自然饱和度效果，然后按下快捷键 Shift+Ctrl+Alt+E，盖印可见图层，得到"图层1"，如图 11-53 所示。

图 11-53

7 执行"滤镜 > 其他 > 最大值"菜单命令，在打开的"最大值"对话框中设置"半径"为 5 像素，如图 11-54 所示，确认设置后，再在"图层"面板中设置"图层1"的图层混合模式为"柔光"，如图 11-55 所示。

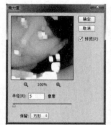

图 11-54　　　　　图 11-55

9 为"图层 1"添加图层蒙版，使用黑色画笔在人物的手部进行涂抹，遮盖"图层 1"效果，最后在图像中的适当位置添加文字，让画面更完整，如图 11-57 所示。

8 设置图层混合模式后，可看到画面中人像的光影效果被增强，图像展现出柔和、明亮的光线效果，如图 11-56 所示。

图 11-56

图 11-57

实例 2　利用液化修饰人物身形

应用 Photoshop CC 对人像进行处理时，可通过"液化"滤镜的液化变形功能对人物的身形进行调整，为图像中的人物瘦身、调整脸型等，让人物展现更完美的身材。本实例中将多种滤镜相结合，并利用图层混合模式柔化人像，修饰人物展现效果。

原始文件：随书资源 \ 素材 \11\02.jpg
最终文件：随书资源 \ 源文件 \11\ 利用液化修饰人物身形 .psd

1 打开原始文件，在"图层"面板中复制"背景"图层，得到"背景拷贝"图层。然后执行"滤镜 > 液化"菜单命令，在打开的"液化"对话框中选择"向前变形工具"并在人物手臂上推动变形，为人物瘦手臂，如图 11-58 所示。

图 11-58

图 11-59

图 11-60

2 在对话框右侧工具栏中单击"褶皱工具"按钮，放大画笔后，使用该工具在人物腰部位置单击，如图 11-59 所示，收缩图像，为人物瘦腰。

3 在工具箱中单击"膨胀工具"按钮，调整画笔到适当大小，然后使用该工具在图像预览框中的人像胸部位置单击，如图 11-60 所示，修饰人物胸部曲线。

4 使用"向前变形工具"在人物脸部边缘进行推动变形，调整人物脸型，如图 11-61 所示，设置后单击"确定"按钮，确认变形效果。

图 11-61

5 复制图层，得到"背景拷贝 2"图层，执行"滤镜 > 其他 > 最大值"菜单命令，在打开的对话框中将 "半径"设置为 5 像素，如图 11-62 所示，设置后可看到提高了高光亮调后的画面效果，如图 11-63 所示。

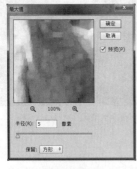

图 11-62　　　　　　　　图 11-63

6 在"图层"面板中将"背景拷贝 2"图层的混合模式设置为"柔光"，如图 11-64 所示，设置后在画面中可看到增强明暗影调后的图像效果，如图 11-65 所示。

图 11-64　　　　　　　　图 11-65

7 为"背景拷贝 2"图层添加图层蒙版，设置前景色为黑色，选择"画笔工具"，并在画面中的人物区域进行涂抹，编辑图层蒙版，如图 11-66 所示为编辑后在"图层"面板中所显示的效果，此时，"背景拷贝 2"图层中的被涂抹区域的图像被遮盖，效果如图 11-67 所示。

图 11-66　　　　　　　　图 11-67

8 创建"色阶 1"调整图层，在"属性"面板中拖曳滑块依次到 32、1.75、236，如图 11-68 所示，设置后画面亮度被增强，使用黑色的画笔工具在人物头像以外的区域进行涂抹，利用调整图层蒙版，遮盖被涂抹区域的色阶效果，如图 11-69 所示。

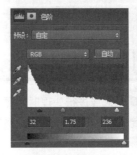

图 11-68　　　　　　　　图 11-69

9 创建"亮度 / 对比度 1"调整图层，在"属性"面板中设置"亮度"为 -5、"对比度"为 35，如图 11-70 所示，设置调整图层后，可看到画面增强对比度后的效果，如图 11-71 所示。

图 11-70　　　　　　　　图 11-71

实例 3　制作古典水墨画效果

通过设置滤镜命令可以将普通的图像效果转换成古典的水墨画效果。在制作的过程中，先去除画面色彩将图像转换为黑白效果，然后通过反相图像，利用"画笔描边"滤镜为图像设置出水墨晕染笔触效果，为了突出画面中的花朵部分，通过对图像颜色加以修饰，模拟出更真实的水墨画效果。

原始文件：随书资源 \ 素材 \11\03.jpg

最终文件：随书资源 \ 源文件 \11\ 制作古典水墨画效果 .psd

1 打开原始文件，在"图层"面板中复制"背景"图层，得到"背景拷贝"图层，执行"图像 > 调整 > 去色"菜单命令，转换为黑白图像，如图 11-72 所示。

图 11-72

2 执行"图像 > 调整 > 反相"菜单命令，反相图像，使黑白颜色互换，显示出特色的反相效果，如图 11-73 所示。

图 11-73

3 执行"滤镜 > 模糊 > 高斯模糊"菜单命令，在打开的对话框中设置模糊"半径"为 2 像素，柔化图像，如图 11-74 所示。

图 11-74

4 执行"滤镜 > 滤镜库"菜单命令，在打开的"滤镜库"对话框中单击"画笔描边"滤镜组下的"喷溅"滤镜，对喷溅滤镜选项进行设置，调整"喷色半径"为 10、"平滑度"为 5，如图 11-75 所示，设置后单击"确定"按钮，为图像设置出喷溅的笔触效果。

图 11-75

5 在"图层"面板中新建"图层 1"图层，设置其图层混合模式为"颜色"、"不透明度"为 80%，设置前景色为红色（R226、G46、B110），设置后使用画笔在花朵上进行绘制，为花朵绘制出红色，如图 11-76 所示。

图 11-76

6 创建"选取颜色 1"调整图层，在"属性"面板中将"白色"选项参数依次设置为 +33、+18、+4、+36，如图 11-77 所示。选择颜色为"中性色"，设置下方选项参数为 +36、+5、0、+31，如图 11-78 所示。

图 11-77   图 11-78

7 设置调整图层后，在画面中可看到为图像设置深蓝色调后的效果，如图 11-79 所示。

图 11-79

8 按下快捷键 Shift+Ctrl+Alt+E，盖印可见图层，得到"图层 2"，执行"滤镜 > 模糊 > 高斯模糊"菜单命令，在打开的对话框中设置模糊"半径"为 10 像素，如图 11-80 所示。设置后模糊图像，并在"图层"面板中设置"图层 2"的图层混合模式为"柔光"，如图 11-81 所示。

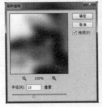 

图 11-80   图 11-81

9 设置图层混合模式后，在图像窗口中可看到柔化笔触后的效果，此时画面增强了明暗影调，呈现水墨绘画效果，如图 11-82 所示。

图 11-82

10 按下快捷键 Ctrl+A，全选图像，然后执行"选择 > 变换选区"菜单命令，调整选区大小，确认变换后，执行"选择 > 反选"菜单命令，反选选区。然后新建图层，为选区内图像填充黑色，制作出黑色边框，如图 11-83 所示。

图 11-83

11 选中"图层 2"图像后，单击"加深工具"按钮，并在其选项栏中进行设置，然后在画面中的荷叶图像上进行涂抹，增强暗调。编辑完成后，展现出具有古典感的水墨画效果，如图 11-84 所示。

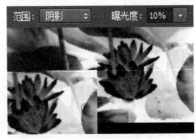

图 11-84

实例 4 打造抽象艺术背景效果

　　将各种滤镜命令配合使用，可制作出具有艺术感的抽象画面效果。在制作的过程中可以将多种不同的滤镜结合起来使用，创建抽象的背景图案，再利用调整命令对图像的色调加以修饰，创建更加绚丽的图像效果。

原始文件：无

最终文件：随书资源 \ 源文件 \11\ 打造抽象艺术背景效果 .psd

1 执行"文件 > 新建"菜单命令，打开"新建"对话框，在对话框中设置新建文件名称为"打造抽象艺术背景效果"、"宽度"为 430 像素、"高度"为 600 像素、背景内容为白色，如图 11-85 所示。确认设置后，在窗口中可看到一个新建的白色背景的文件，如图 11-86 所示。

图 11-85   图 11-86

2 按下快捷键 Ctrl+J，复制图层，得到"图层 1"，然后对复制图层执行"滤镜 > 滤镜库"菜单命令，在打开的对话框中单击"纹理"滤镜组下的"颗粒"滤镜，并在右侧对"颗粒"选项参数进行设置，"强度"和"对比度"为 100、"颗粒类型"为"结块"，如图 11-87 所示。

图 11-87

3 确认"颗粒"滤镜设置后，在图像窗口中可看到画面中出现彩色的结块颗粒，效果如图 11-88 所示。

4 执行"滤镜 > 像素化 > 点状化"菜单命令，在打开的对话框中将"单元格大小"设置为 180，如图 11-89 所示，设置后单击"确定"按钮。

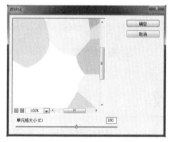

图 11-88　　　　　图 11-89

5 执行"滤镜 > 杂色 > 中间值"菜单命令，在打开的"中间值"对话框中设置"半径"为 90 像素，如图 11-90 所示，单击"确定"按钮，在图像窗口中可看到柔化后的色块，并且各色块会融合在一起，如图 11-91 所示。

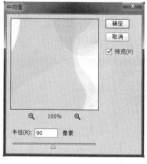

图 11-90　　　　　图 11-91

6 执行"滤镜 > 锐化 >USM 锐化"菜单命令，在打开的对话框中将"数量"设置为 500%、"半径"设置为 40 像素、"阈值"为 0 色阶，如图 11-92 所示，单击"确定"按钮，在图像窗口中可看到锐化后的效果，此时各色块颜色和线条都已变得清晰，如图 11-93 所示。

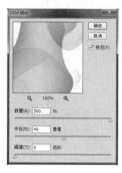

图 11-92　　　　　图 11-93

7 执行"滤镜 > 模糊 > 特殊模糊"菜单命令，在打开的对话框中设置"半径"为 5、"阈值"为 20，如图 11-94 所示，单击"确定"按钮模糊图像，让色块颜色更柔和，执行"图像 > 调整 > 反相"菜单命令，反相画面颜色，如图 11-95 所示。

图 11-94　　　　　图 11-95

8 创建"曲线 1"调整图层，将曲线向上拖曳，提高画面亮度，如图 11-96 所示，再创建"色阶 1"调整图层，拖曳各滑块位置依次到 42、2.12、206 位置，如图 11-97 所示。

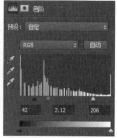

图 11-96　　　　　图 11-97

9 设置调整图层后，画面的亮度和对比度被增强，展现出抽象的艺术图像效果，此时选择"模糊工具"，在图像中的各色块边线上进行涂抹，柔化图像，去除边缘的锯齿效果，效果如图 11-98 所示。

图 11-98

10 最后使用"横排文字工具"在画面中添加文字，双击文字图层，打开"图层样式"对话框，单击"渐变叠加"样式，在右侧设置适合的渐变色，并调整渐变的样式、角度等选项，如图 11-99 所示。

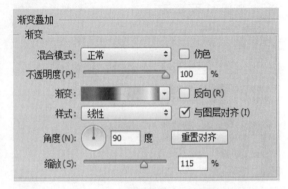

图 11-99

11 单击"图层样式"对话框中的"投影"样式，对"投影"选项参数进行调整，如图 11-100 所示，设置后可看到文字产生渐变色彩后的效果，打造出色彩变化丰富的抽象艺术画面，效果如图 11-101 所示。

图 11-100

图 11-101

实例 5　打造创意星球特效

在图像的处理过程中，利用"滤镜"命令常会带来意想不到的特殊效果。在下面的实例中，通过利用"极坐标"滤镜进行设置，可以让平面化的普通城市风景图像展现出更具立体感的球面图像效果，再通过"球面化"滤镜增强球面效果，完成一幅创意十足的星球特效图片。

原始文件：随书资源 \ 素材 \11\04.jpg

最终文件：随书资源 \ 源文件 \11\ 打造创意星球特效 .psd

1 打开原始文件，执行"图像 > 图像旋转 > 垂直翻转画布"菜单命令，对图像进行垂直翻转，如图 11-102 所示。

图 11-102

2 执行"图像 > 图像大小"菜单命令，在打开的"图像大小"对话框中取消勾选"约束比例"复选框，然后将"宽度"和"高度"都设置为 1200 像素，如图 11-103 所示，设置后单击"确定"按钮，将图像调整为方形展现效果。

图 11-103

3 执行"滤镜 > 扭曲 > 极坐标"菜单命令,打开"极坐标"对话框,单击"平面坐标到极坐标"单选按钮,如图 11-104 所示,单击"确定"按钮,在图像窗口中可查看到图像呈现球面效果,如图 11-105 所示。

图 11-104　　　　　　图 11-105

4 执行"图像 > 图像旋转 > 逆时针 90 度"菜单命令,如图 11-106 所示,将图像逆时针旋转 90°,此时画面中可查看到旋转后的图像效果,如图 11-107 所示,按下快捷键 Ctrl+J,复制图层,得到"图层 1"图层。

图 11-106　　　　　　图 11-107

5 选择"仿制图章工具",按住 Alt 键的同时单击绿色植物区域像素对像素进行取样,然后在图像中间位置涂抹,仿制出绿色植物图像,如图 11-108 所示。

图 11-108

6 使用"仿制图章工具"继续对画面中的适当像素进行取样,然后在左侧的明显界线上进行涂抹,仿制图像,展现出更完整的画面,如图 11-109 所示。

图 11-109

7 选择"椭圆选框工具",在其选项栏中将羽化选项参数设置为 100 像素,设置后使用该工具在画面的中间位置进行拖曳,绘制一个椭圆选区,如图 11-110 所示,按下快捷键 Ctrl+J,复制选区内图像得到"图层 2"。

图 11-110

8 执行"滤镜 > 扭曲 > 球面化"菜单命令,在打开的"球面化"对话框中,将数量选项滑块拖曳到最右侧,如图 11-111 所示,单击"确定"按钮,在图像窗口中可查看到图像被球面化后的效果,如图 11-112。

图 11-111　　　　　　图 11-112

9 按下快捷键 **Ctrl+T**，出现变换编辑框，将鼠标移动到边框的边缘点上，按住 **Shift+Alt** 键的同时单击并向内拖曳，如图 **11-113** 所示，将图像向中心等比例缩小，按下 **Enter** 键确认变换。

10 为"图层 2"添加一个图层蒙版，设置前景色为黑色，使用"画笔工具"在图像边缘的多余图像上进行涂抹，隐藏被涂抹的图像，如图 **11-114** 所示。

11 创建"亮度 / 对比度 1"调整图层，在"属性"面板中调整"对比度"为 40，设置后画面的对比度被增强，最后在图像下方输入两行文字，画面效果将表现得更加完整，如图 **11-115** 所示。

图 11-115

图 11-113

图 11-114

11.3 本章小结

　　滤镜是 Photoshop CC 的重要功能之一。在图像处理的过程中经常会使用滤镜创建各类特殊的图像效果。本章首先从独立滤镜开始讲起，再深入讲解滤镜组中的单个滤镜的设置与应用等，使读者对"滤镜"菜单中的滤镜分类有一个全面的了解，读者在学习过程中还可以通过实例操作，使用不同类型的滤镜制作出不同的图像效果。

11.4 思考与练习

1. 填空题

（1）Photoshop CC 的独立滤镜有 _____、_____、_____ 和 _____。

（2）单击"滤镜库"中的 _____ 可以添加效果图层，单击 _____ 可以删除创建的效果图层。

（3）创建智能滤镜后，单击智能滤镜旁边的 _____，可以隐藏智能滤镜效果。

（4）按下快捷键 _____ 可以重复应用相同的滤镜效果。

2. 问答题

（1）怎样创建智能滤镜？它有什么优势？

（2）怎样在不同的图层中对滤镜进行复制操作？

（3）扭曲滤镜包含的效果有哪些？

3. 上机题

（1）打开随书资源＼上机题＼素材＼11＼01.jpg，如图 11-116 所示，使用"画笔描边"滤镜制作光感描边效果，如图 11-117 所示。

图 11-116

图 11-117

（2）打开随书资源＼上机题＼素材＼11＼02.jpg，如图 11-118 所示，应用"扭曲"滤镜制作水面倒影效果，如图 11-119 所示。

图 11-118

图 11-119

（3）打开随书资源＼上机题＼素材＼11＼03.jpg，如图 11-120 所示，应用"素描"滤镜对图像进行编辑，打造彩色石雕效果，如图 11-121 所示。

图 11-120

图 11-121

第 12 章

3D 功能和动画制作

在 Photoshop 中不仅可以处理平面图像，还可以编辑三维图像、制作动态图像效果。在 Photoshop CC 中还可以通过使用 3D 菜单和 3D 面板对三维图像进行编辑和创建，利用"动画"面板创建时间轴或帧动画。

12.1 创建 3D 对象

使用 Photoshop CC 可直接在 3D 面板中完成多种 3D 对象的创建，也可在 3D 菜单中选择适合的命令进行创建，通过使用 3D 对象的创建功能，可将 2D 图像转换为 3D 明信片或制作为预设的 3D 形状等。

12.1.1 创建 3D 明信片

3D 明信片是具有 3D 属性的平面图像，在图像文件中可将 2D 图层转换为 3D 明信片。在 3D 面板中单击"3D 明信片"单选按钮后，通过单击的方式就可以快速将选择的图层内容转换为 3D 明信片图层，此外，也可以通过执行"3D> 从图层新建网格 > 明信片"菜单命令进行创建。

1 在3D面板中创建3D明信片

打开一幅图像，如图 12-1 所示，在 3D 面板中单击"明信片"单选按钮，再单击下方的"创建"按钮，如图 12-2 所示，创建 3D 明信片后，可以将 2D 图像转换为 3D 对象，如图 12-3 所示。

2 从菜单命令创建

在 Photoshop CC 中将 2D 图像打开并选择要转换为明信片的图层，然后执行"3D> 从图层新建网格 > 明信片"菜单命令，即可将选中的图层转换为 3D 明信片效果，如图 12-4 和图 12-5 所示。

图 12-1

图 12-4

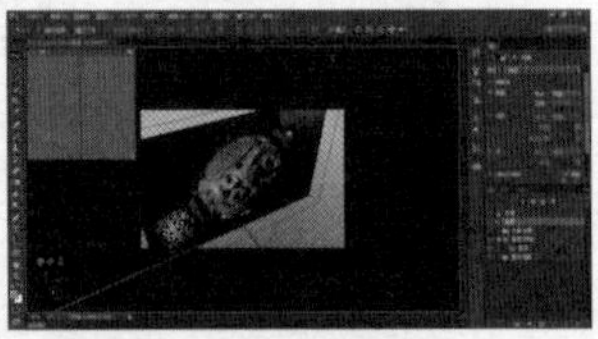

图 12-5

图 12-2

图 12-3

> **📖知识补充**
>
> 使用 3D 功能前需要执行"编辑 > 首选项 > 性能"菜单命令，在打开的"首选项"对话框中勾选"使用图形处理器"复选框，启用后才能开始应用 3D 功能。

12.1.2 从预设创建 3D 形状

利用 3D 面板中的创建选项，可以从预设创建 3D 形状，在其选项下拉列表中可将创建的形状选择为锥形、立方体、立体环绕、圆柱体、圆环和帽形等 12 种形状，形状创建完成后，将以当前选择的图层内容为材质创建 3D 形状。

1 创建3D形状

打开一幅图像，如图 12-6，在 3D 面板中单击"从预设创建网格"单选按钮，单击选择下方的下拉按钮，在展开的下拉列表中选择"立方体"选项，如图 12-7 所示，可看到图像被创建为 3D 立方体形状的效果，如图 12-8 所示。

图 12-6

图 12-7

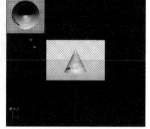

图 12-8

2 从3D菜单创建形状

打开图像后也可执行"3D> 从图层新建网格 > 从图层新建形状"菜单命令，弹出的级联菜单中显示了可以创建的 3D 形状，如图 12-9 所示，当执行"帽子"命令后，得到如图 12-10 所示的 3D 帽子形状。

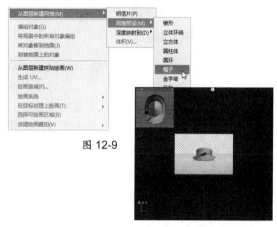

图 12-9

图 12-10

12.1.3 创建 3D 网格

Photoshop CC 拥有平面、双面平面、圆柱体和球体 4 种 3D 深度网格效果。其中"平面"网格将深度映射数据应用于平面表面；"双面平面"网格可创建两个沿中心轴对称的平面，并将深度映射数据应用于两个平面；"圆柱体"网格将从垂直轴中心向外应用深度映射数据；"球体"网格可从中心点向外呈放射状地应用深度映射数据。

打开一张 2D 图像，执行"图像 > 模式 > 灰度"菜单命令，将图像转换为灰度模式，如图 12-11 所示。再执行"窗口 >3D"菜单命令，打开 3D 面板，在面板中单击"从深度映射创建网格"单选按钮，单击下方的下拉按钮，在列表中选择"圆柱体"选项，如图 12-12 所示，单击"创建"按钮，将图像设置为圆柱体效果，如图 12-13 所示。

图 12-11

图 12-12

图 12-13

12.2　3D 对象的设置

创建或打开 3D 对象后可对图像做进一步设置，用户可以通过 3D 对象调整工具，对图像进行旋转、移动等调整，还可以利用 3D 面板和"属性"面板对 3D 对象的材质、场景和光源等选项进行调整，为 3D 对象添加材质、灯光等表现效果。

12.2.1　3D 对象调整工具

进入 3D 工作区后，在工具选项栏中会出现 3D 模式的工具按钮，如图 12-14 所示，包括旋转 3D 对象工具、滚动 3D 对象工具、拖动 3D 对象工具、滑动 3D 对象工具和缩放 3D 对象工具，单击不同的按钮，可选中不同的 3D 工具，使用这些 3D 对象编辑工具可以更改 3D 模型的位置和大小。

图 12-14

1　旋转3D对象

单击"旋转 3D 对象"按钮，即选择了 3D 旋转工具，在 3D 模型中上下拖动，可将模型绕其 X 轴旋转，如下图 12-15 所示为原图像效果，选择 3D 旋转工具后，从上至下拖曳图像，图像将绕 X 轴进行旋转，旋转后的效果如图 12-16 所示；若使用此工具向两侧拖曳，则图像将绕 Y 轴旋转，如图 12-17 所示。

图 12-15

图 12-16　　　　　图 12-17

2　滚动与拖动3D对象

单击"滚动 3D 对象"按钮，即选择 3D 滚动工具，使用此工具在 3D 模型中的两侧进行拖动，可使模型绕 Z 轴旋转，如图 12-18 所示为应用"滚动 3D 工具"后向左拖曳鼠标旋转后的图像效果。单击"拖动 3D 对象"按钮，即选择 3D 平移工具，应用此工具在 3D 模型两侧进行拖动，可沿

水平方向移动模型，上下拖曳则可沿垂直方向移动模型，图 12-19 所示为水平拖动后的图像效果。

图 12-18　　　　　　　图 12-19

3　滑动与缩放3D对象

单击"滑动 3D 对象"按钮，即选择 3D 滑动工具，使用此工具在 3D 模型的两侧进行拖动，可沿水平方向移动模型；若在图像中上、下拖动，则可将模型移近或移远，如图 12-20 所示为向上拖曳移远后的效果。单击"缩放 3D 对象"按钮，将切换至 3D 缩放工具，在 3D 模型上拖曳，可以将模型放大或缩小，如图 12-21 所示为向上拖曳放大模型后的效果。

图 12-20　　　　　　　图 12-21

12.2.2 3D 材质

Photoshop CC 具有完善 3D 材质功能，让用户可使用一种或多种材料来创建模型的整体外观。当模型中包含有多个网格对象时，每个网格都会有与之关联的特定材质，同时 3D 模型可以用一个网格构建，也可以使用多种材料构建，在 3D 对象上选中网格对象，打开"3D 材质"面板，面板中即显示包含的材质信息。

1 打开"3D材质"面板

打开一个 3D 模型，如图 12-22 所示，选择 3D 对象所在图层，执行"窗口 >3D"菜单命令，打开 3D 面板，单击面板中的"滤镜：材质"按钮，即可在面板下方显示 3D 模型包含的材质信息，如图 12-23 所示，此时如果需要显示具体的选项设置，则可以打开"属性"面板，在面板下方即显示所有可调整的材质选项，如图 12-24 所示。

图 12-22

图 12-23

图 12-24

2 设置选项更改材质效果

在材质"属性"面板中可以选择漫射、镜像、发生和环境颜色等选项，并且可以编辑其他选项参数，如图 12-25 所示。设置完成后，在 3D 模型中可看到改变材质后的效果如图 12-26 所示。

图 12-25

图 12-26

📖 **知识补充**

在"属性"面板中，单击材质右侧的下三角按钮，打开"材质"拾色器，可查看软件所提供的多种材质效果。单击选择材质后，即可将该材质效果应用到 3D 对象中，增强其质感与纹理效果，"材质"拾色器如图 12-27 所示。

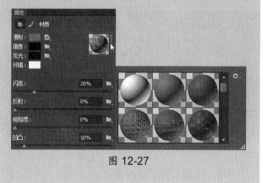

图 12-27

12.2.3 3D 场景

对 3D 场景进行设置时，可更改 3D 对象渲染模式，并能快速选择要在其上绘制的纹理或创建横截面。可以利用 3D 场景面板了解 3D 模型的所有场景信息，包括环境、材质、光源等。

打开一幅 3D 模型素材，如图 12-28 所示，在 3D 面板中单击"滤镜：场景"按钮🔳，可显示当前 3D 模型的场景信息，如图 12-29 所示，如果需要对场景做进一步调整，则可以打开"属性"面板，在面板中设置选项，然后设置 3D 场景的视图方式、距离以及立体效果等选项，如图 12-30 所示。

图 12-28   图 12-29   图 12-30

12.2.4　3D 光源

3D 对象需要通过不同角度的光源来照亮，从而添加逼真的深度和阴影，Photoshop CC 提供了 3 种类型的光源，分别是点光、聚光灯和无限光。打开 3D 模型后，在 3D 面板中单击"光源"按钮，将会切换到 3D 光源面板，在面板中可看到该 3D 对象中的所有光源，选择其中一个光源，然后利用"属性"面板调整光源位置，更改照射范围和效果，或者添加光源到模型中，以获得需要的光照效果。

1 选择光源

选择 3D 对象图层后，在 3D 面板中单击"光源"按钮，即可显示 3D 光源面板，如图 12-31 所示。单击光源名称，在 3D 模型上即可显示该光源，如图 12-32 所示。

图 12-31   图 12-32

2 新建和调整光源

可以根据需要为画面中的 3D 对象添加不同的光源照射效果。单击 3D 面板光源下方的"创建新光源"按钮，在打开的菜单中可选择新建的光源类型，包括点光、聚光灯和无限光，如图 12-33 所示。单击选择"新建聚光灯"选项，即可在 3D 模型中看到新增的聚光灯光源效果，如图 12-34 所示，运用鼠标单击并拖曳，能够调整光源的位置，如图 12-35 所示。

图 12-33

图 12-34   图 12-35

12.3　动画的创建

动画就是在特定时间内显示出一系列的图像或帧，用户可结合使用"时间轴"面板和"图层"面板来创建动画帧，制作出 GIF 格式的动画效果。使用 Photoshop CC 可制作的动画模式有两种，一种为帧动画，另一种为时间轴动画，并且都可以通过导出的方式存储制作的动画。

12.3.1 "时间轴"面板

执行"窗口 > 时间轴"菜单命令，即可打开"时间轴"面板，默认情况下系统选择"时间轴（动画）"面板，用于设置时间轴动画效果，若单击面板下方的"转换为帧动画"按钮 ，即可切换到"帧（动画）"面板中，用于设置帧动画。如图 12-36 所示为"帧（动画）"面板，图 12-37 所示为"时间轴（动画）"面板。

图 12-36

图 12-37

> 📖 **知识补充**
>
> 创建的动画效果与图层内容息息相关，创建帧动画时，可以利用不同图层内容控制每帧中的内容，让每一帧中的效果不同，从而创建出动态的图像效果；在时间轴动画中，通过编辑选中图层的基本属性（透明度、图层样式等），以制作出在特定时间范围出现影像变化的效果。

12.3.2 帧动画

帧动画是由一帧一帧的单独画面串联组合而成的动态影像，利用"动画（帧）"面板，可创建简单的帧动画效果。在面板中通过新建帧，创建出需要的帧数，然后对图像进行编辑，改变图像效果，让每帧中的内容不同，编辑后单击"播放动画"按钮，即可预览到动画效果。

1 创建帧动画

在"动画（帧）"面板中新建两帧内容，然后选择不同的帧对图像颜色进行更改，制作出简单的富有色彩变化的动画效果，如图 12-38 所示，单击帧缩览图，选中某一帧的内容，即可在图像窗口中看到该帧中的图像效果，如图 12-39 所示。

2 设置时间与复制帧

每一帧的缩览图下方都显示了该帧内容的播放时间，单击下三角按钮，在打开的下拉列表中可选择更多的时间选项，以控制每帧的显示时间，单击选择某帧后，在面板下方单击"复制所选帧"按钮 ，即可复制该帧内容，如图 12-40 和图 12-41 所示。

图 12-38

图 12-39

图 12-40

图 12-41

> 📖 **知识补充**
>
> 在创建帧动画的过程中，可通过使用"过渡"功能，在两帧内容之间直接添加设定的帧数，产生自然的动画过渡效果，方法是选中某帧后，单击面板下方的"过渡动画帧"按钮 ，如图 12-42 所示，在打开的"过渡"对话框中选择过渡方式、添加的帧数、图层和参数等选项，如图 12-43 所示，确认设置后，可看到在选择的第一帧后添加了 5 帧的过渡内容，如图 12-44 所示。

图 12-42   图 12-43   图 12-44

12.3.3　时间轴动画

时间轴动画可在设定的时间内展现出变化自然的动画效果，单击"动画（帧）"面板下方的"转换为时间轴动画"按钮，转换到"动画（时间轴）"面板中，通过编辑选中图层内容的位置、不透明度或样式，创建出运动或变化的显示效果。

在"动画（时间轴）"面板中编辑图层的位置、不透明度效果，如图 12-45 所示，在图像窗口中可看到动画播放前的元素效果，如图 12-46 所示。播放动画后，可看到被编辑的图层内容逐渐显示出来，展现出自然的发光动画效果，如图 12-47 所示。

图 12-45   图 12-46   图 12-47

12.3.4　保存动画

制作完动画效果后，需要通过"存储为 Web 所用格式（旧版）"命令，将图像保存为 GIF 动画格式，执行"文件 > 导出 > 存储为 Web 所用格式"菜单命令，在打开的对话框中选择存储格式，并对图像大小、动画播放次数等选项进行设置，以获取需要的动画效果。

在"存储为 Web 和设备所用格式"对话框的右侧，可将动画格式设置为 GIF，并调整其他优化选项。在对话框右下方单击"播放动画"按钮，如图 12-48 所示，此时在对话框中可预览到动画效果，如图 12-49 所示，设置后单击"存储"按钮，即可将动画保存到指定位置。

 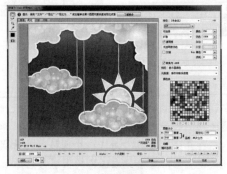

图 12-48   图 12-49

实例 1　创建 3D 形状并添加材质

　　3D 对象可表现出强烈的立体感，在编辑二维图像的过程中，可通过应用创建 3D 对象的方式，将图像转换为 3D 效果，从而表现出三维空间感。可以从选中的图层内容中创建预设的 3D 形状效果，并且能够为创建的 3D 形状添加上材质效果，通过调整 3D 形状光源、位置等选项，使创建的 3D 图像与背景图层自然地融合在一起，表现出特殊的画面效果。

　　原始文件：随书资源 \ 素材 \12\01.jpg、02.jpg
　　最终文件：随书资源 \ 源文件 \12\ 创建 3D 形状并添加材质 .psd

1 启动 Photoshop CC 后，执行"编辑 > 首选项 > 性能"菜单命令，在打开的"首选项"对话框中勾选"性能"选项卡中的"使用图像处理器"复选框，如图 12-50 所示，打开原始文件"01.jpg"，打开后的图像效果如图 12-51 所示。

图 12-50　　　　　　　　　图 12-51

2 执行"文件 > 置入链接的智能对象"菜单命令，置入原始文件"02.jpg"，使用鼠标拖曳置入图片，将图像放大至合适的大小，如图 12-52 所示，在置入的图层上单击鼠标右键，在打开的菜单中选择"栅格化图层"命令，如图 12-53 所示，将智能图层栅格化为普通的像素图层。

图 12-52　　　　　　　　　图 12-53

3 执行"窗口 >3D"菜单命令，打开 3D 面板，单击选择"从预设创建网格"单选按钮，在下拉列表中选择"汽水"选项，如图 12-54 所示，然

后单击"创建"按钮，即可在选中的图层中新建一个 3D 对象，如图 12-55 所示。

图 12-54　　　　　　　　　图 12-55

4 单击"移动工具"按钮 ，然后在其选项栏中单击"变焦 3D 相机"按钮 ，选择 3D 缩放工具，在 3D 对象的边框边角位置单击并拖曳，缩小模型，如图 12-56 所示。然后在 3D 面板中单击"光源"按钮 ，显示 3D 对象的光源，如图 12-57 所示。

图 12-56　　　　　　　　　图 12-57

5 将鼠标放置到 3D 模型的光源点上，单击并拖曳鼠标，移动光源位置，调整光照效果，如图 12-58 所示。然后在选项栏中单击"滚动 3D 对象"按钮 ，在模型边框边角位置单击并拖曳，滚动模型，如图 12-59 所示。

图 12-58　　　　　　　图 12-59

6 退出 3D 对象的选择状态并在工具箱中选择其他工具，由此可清楚地看到 3D 模型被调整后的效果，如图 12-60 所示，在"图层"面板中复制"背景"图层，得到"背景拷贝"图层，并移动到最上层，添加图层蒙版，如图 12-61 所示。

图 12-60　　　　　　　图 12-61

▼ 技巧提示：移动图层顺序

通过调整图层顺序功能可上下移动选择的图层，按下快捷键 Ctrl+] 可向上移动一个图层，按下快捷键 Shift+Ctrl+] 可将所选图层移动到最上层。

7 在"通道"面板中单击选择"红"通道，如图 12-62 所示，在图像窗口中可看到该通道中的黑白图像效果。选择"魔棒工具"在白色区域单击，如图 12-63 所示，将画面中的白色区域创建到选区内。

图 12-62　　　　　　　图 12-63

8 单击 RGB 通道，显示所有颜色通道，返回原图像中，选择"背景拷贝"图层蒙版，设置前景色为黑色，单击"背景拷贝"图层蒙版缩览图，按下快捷键 Alt+Delete，将选区填充为黑色，如图 12-64 所示。按下快捷键 Ctrl+D 取消选区，在图像窗口中可看到被蒙版遮盖后的图像，此时 3D 对象与背景图像自然融合，效果如图 12-65 所示。

图 12-64　　　　　　　图 12-65

9 按下 Ctrl 键不放，单击 02 图层缩览图，载入汽水选区，创建"色阶 1"调整图层，在"属性"面板中对色阶选项进行设置，使用鼠标拖曳下方选项滑块位置依次到 44、1.61、255，如图 12-66 所示，设置后选区中图像的亮度被提高，效果如图 12-67 所示。

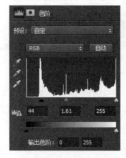

图 12-66　　　　　　　图 12-67

10 选择"横排文字工具"后，打开"字符"面板，设置字体、字体大小等选项，调整颜色为橙色（R245、G131、B0），如图 12-68 所示，然后使用该工具在图像下方输入一行橙色文字，如图 12-69 所示。

图 12-68　　　　　　　图 12-69

11 在"字符"面板中设置字体、字体大小等选
项，并调整颜色为黄色（R254、G234、
B0），如图 12-70 所示，设置后使用"横排文字工具"
在上一步添加的文字下方继续输入两行文字，将文字
右对齐，完善画面效果，如图 12-71 所示。

图 12-70　　　　　图 12-71

实例 2　调整 3D 图像光源与材质

　　使用 Photoshop CC 可对 3D 模型进行后期加工处理，添加合适的背景图像。调整光源位置并添加
材质效果，增强 3D 对象的质感，打开 3DS 格式的 3D 文件后，将背景图像复制到 3D 模型中，调整光
源位置，让画面光线效果统一，再为 3D 模型选择预设的材质效果，加强 3D 对象的表现力。

| 原始文件：随书资源 \ 素材 \12\03.3ds、04.jpg |
| 最终文件：随书资源 \ 源文件 \12\ 调整 3D 图像光源与材质 .psd |

1 同时打开原始文件"03.3ds"和"04.jpg"，
并在"04.jpg"中按下快捷键 Ctrl+A，全选
图像，如图 12-72 所示，再按下快捷键 Ctrl+C，复
制选择的图像，切换至"03.3ds"中，按下快捷键
Ctrl+V，粘贴图像，得到"图层 2"，如图 12-73 所示。

图 12-72　　　　　图 12-73

2 按下快捷键 Ctrl+[，将"图层 2"图层下移到
"图层 1"下方，如图 12-74 所示，在图像窗
口中可看到为 3D 模型添加了背景图像的效果，如图
12-75 所示。

图 12-74　　　　　图 12-75

3 选择"移动工具"，在其选项栏中单击"缩放
3D 对象"按钮，在 3D 模型的边框边角点上
单击并拖曳，放大 3D 模型，如图 12-76 所示。

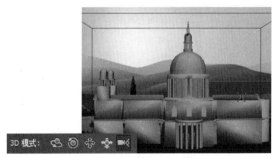

图 12-76

4 在 3D 面板中单击"滤镜：光源"按钮，选中
3D 模型的光源，使用鼠标在光源上单击并拖
曳，旋转光源角度，调整画面光照效果，如图 12-77
所示。

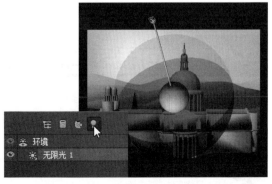

图 12-77

5 单击 3D 面板中"滤镜：材质"按钮，如图
所示，显示 3D 对象材质，如图 12-78 所示，
打开"属性"面板，显示材质设置选项，在材质预
览框右侧单击下三角按钮，如图 12-79 所示，打开"材
质"拾色器。

图 12-78

图 12-79

6 在打开的"材质"拾色器中，向下滑动右侧滑
块，显示更多的材质选项。在适合的材质上单
击选择材质，即可将选择的材质应用到 3D 模型中，
增强模型质感后的效果如图 12-80 所示。

图 12-80

7 再单击 3D 面板中的"滤镜：光源"按钮，在
显示光源选项中设置光源"强度"为 91%、"阴
影"为 27%，然后适当调整一下光源的位置，如图
12-81 所示。

图 12-81

8 创建"色彩平衡 1"调整图层，在打开的"属性"
面板中选择色调为"阴影"，调整下方选项参
数依次为 +10、0、-30，设置后可看到增强了暗调
的颜色效果，如图 12-82 所示。

图 12-82

9 创建"色阶 1"调整图层，在打开的"属性"
面板中依次输入色阶值为 20、1.00、240，增
强对比度后的效果如图 12-83 所示。

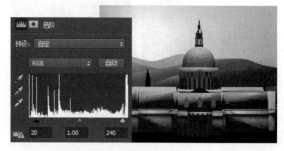
图 12-83

实例3　可爱表情动画秀

使用 Photoshop CC 可以制作出不同表情变化的动画效果。在制作时为每个图层添加不同的表情图
像，在"动画（帧）"面板中创建帧，为每帧中应用不同图层中的表情效果，就可以快速制作出可爱的
表情动画，最后将制作结果存储为 GIF 动画格式。

| 原始文件：随书资源 \ 素材 \12\05.jpg ～ 07.jpg |
| 最终文件：随书资源 \ 源文件 \12\ 可爱表情动画秀 .psd |

1 打开原始文件 "05.jpg" 和 "06.jpg"，将 "06.jpg" 中的图像复制到 "05.jpg" 中，得到 "图层 1"，如图 12-84 和图 12-85 所示。

图 12-84　　　　　　　　图 12-85

2 按下快捷键 Ctrl+T，使用变换编辑框调整图像大小，再打开原始文件 "07.jpg"，如图 12-86 所示，将其复制到 "05.jpg" 中得到 "图层 2"，如图 12-87 所示。

图 12-86　　　　　　　　图 12-87

3 在 "图层" 面板中单击 "图层 2" 前的 "指示图层可视性" 按钮，如图 12-88 所示，隐藏 "图层 2"。继续使用同样的方法，将 "图层 1" 图层也隐藏，再选中 "背景" 图层，如图 12-89 所示。

图 12-88　　　　　　　　图 12-89

4 打开 "时间轴" 面板，单击 "创建视频时间轴" 按钮旁边的倒三角形按钮 ，在展开的列表中执行 "创建帧动画" 命令，如图 12-90 所示，再单击 "创建帧动画" 按钮。

图 12-90

5 切换到帧动画模式，单击 "复制所选帧" 按钮 ，复制一帧，如图 12-91 所示。

图 12-91

6 在 "图层" 面板中选择 "图层 1" 并单击图层缩览图前的 "指示图层可视性" 按钮，如图 12-92 所示，显示 "图层 1" 图层，在 "动画（帧）" 面板中可看到复制帧后显示的缩览图为 "图层 1" 中的内容，如图 12-93 所示。

图 12-92　　　　　　　　图 12-93

7 在 "动画（帧）" 面板下方单击 "复制帧" 按钮，新建第三帧，然后在 "图层" 面板中选中并显示 "图层 2"，如图 12-94 所示，在 "动画（帧）" 面板中可看到第三帧的缩览图显示效果，如图 12-95 所示。

图 12-94　　　　　　　　图 12-95

8 单击帧缩览图下的下三角按钮，在打开的下拉菜单中选择 0.5 选项，即设置每帧的显示时间为 0.5 秒，如图 12-96 所示，用同样的方法单击另两帧缩览图下的三角按钮，打开下拉列表，选择显示时间都为 0.5 秒，设置后如图 12-97 所示。

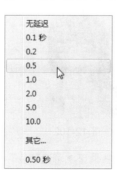

图 12-96　　　　　　　　图 12-97

9 执行 "文件 > 导出 > 存储为 Web 所用格式（旧版）" 菜单命令，打开 "存储为 Web 所用格式" 对话框，在对话框右侧设置文件格式为 GIF，调整右下方选项中的图像大小等选项，对动画进行优化设置，如图 12-98 所示。

图 12-98

10 优化动画效果后，单击对话框左下方的"预览"按钮，可打开 Web 窗口，显示优化的动画效果，并可查看图像格式、尺寸、大小等信息，如图 12-99 所示。

图 12-99

11 确认信息后，单击"存储为 Web 和设备所用格式"对话框右下方的"存储"按钮，如图 12-100 所示，即可对动画文件进行保存。

图 12-100

实例 4　制作时间轴动画

在需要展现过渡更加自然的动画效果时，可通过创建时间轴动画进行表现。先为背景图像添加漂亮的人像效果，再在"动画（时间轴）"面板中对人物图层的位置、不透明度进行调整，制作出渐隐的人物图像动画效果。

> 原始文件：随书资源 \ 素材 \12\08.jpg、09.jpg
>
> 最终文件：随书资源 \ 源文件 \12\ 制作时间轴动画 .psd

1 执行"文件 > 打开"菜单命令，同时打开原始文件"08.jpg"和"09.jpg"，如图 12-101 和图 12-102 所示。

图 12-101

图 12-102

2 在人物图像中执行"图像 > 调整 > 可选颜色"菜单命令，打开"可选颜色"对话框，调整"红色"选项下的"青色"参数为 -57，如图 12-103 所示。再选择颜色为"黄色"，在下方设置各选项参数值依次为 -11、0、-30、-100，如图 12-104 所示。

图 12-103

图 12-104

3 设置"可选颜色"命令后，在画面中可看到调整人物皮肤颜色后的效果，执行"图像 > 调整 > 色阶"菜单命令，在打开的"色阶"对话框中拖曳色阶下各滑块依次到 26、1.32、245 位置，如图 12-105 所示。

图 12-105

4 设置"色阶"命令后，提高了画面亮度，选择"椭圆选框工具"并在选项栏中设置羽化值为 100 像素，使用"椭圆选框工具"在图像中拖曳绘制一个椭圆选区，如图 12-106 所示，按下快捷键 Ctrl+C，复制选区中的人物图像。

图 12-106

5 切换至"08.jpg"中，按下快捷键 Ctrl+V，粘贴图像，得到"图层 1"，如图 12-107 所示，按下快捷键 Ctrl+T，使用变换编辑框对人物图像的大小和位置进行调整，如图 12-108 所示，按下 Enter 键确认变换。

图 12-107

图 12-108

6 执行"窗口 > 时间轴"菜单命令，打开"时间轴"面板，单击"时间轴"面板中的"创建视频时间轴"按钮，创建时间轴动画，如图 12-109 所示。

图 12-109

7 在"动画（时间轴）"面板中用鼠标单击并向右拖曳缩览图上方的"工作区域结束"滑块，确定动画的播放时间，如图 12-110 所示。

图 12-110

8 在"动画（时间轴）"面板中，使用鼠标单击"图层 1"缩览图后的三角按钮，展开图层属性的设置选项，如图 12-111 所示。

图 12-111

9 在"位置"选项前单击"启用关键帧动画"按钮 ，出现黄色滑块，用鼠标将黄色滑块向右拖曳，如图 12-112 所示。

图 12-112

10 单击"不透明度"前的"时间变化秒表"按钮 ，时间轴上出现黄色滑块，如图 12-113 所示，在"图层"面板中选中"图层 1"后，单击"不透明度"选项下拉按钮，将选项滑块拖曳到最左侧，设置"不透明度"为 0%，如图 12-114 所示，画面中人物图像将被隐藏。

图 12-113

图 12-114

11 在"动画（时间轴）"面板中将"不透明度"选项后的黄色滑块向右拖曳到 01:14 位置，如图 12-115 所示，在"图层"面板中将"图层 1"的图层"不透明度"更改为 100%，如图 12-116 所示，将图层中的人物显示出来。

12 编辑时间轴动画后，在面板下方单击"播放"按钮▶，如图 12-117 所示，即可看到时间轴的帧开始移动，图像窗口中的动画开始播放渐隐的人物影像动画。

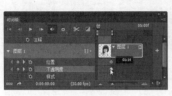

图 12-115

图 12-116

图 12-117

13 执行"文件 > 存储为 Web 和设备所有格式"菜单命令，打开"存储为 Web 所用格式（旧版）"对话框，在对话框中设置存储格式为 GIF，优化各选项，如图 12-118 所示，再调整图像大小等，设置后存储即可保存为 GIF 格式的动画效果。

图 12-118

12.4　本章小结

　　本章主要讲解了创建 3D 图像、编辑和设置 3D 对象的材质、光源和动作的制作等知识。随着 Photoshop 软件版本的不断更新升级，3D 功能也不断得到完善。本章针对了不同类型的 3D 图像的创建方法进行单独的介绍，并通过不同的方法来展示，让读者根据需要选择合适的方法完成 3D 图像的设计。此外，本章对于动画的讲解也较为全面，详细介绍了"时间轴"面板的两种不同工作模式，并帮助读者根据不同的工作模式创建动画。

12.5　思考与练习

1. 填空题

　　（1）Photoshop CC 中用于编辑 3D 图像的工具有 _____、_____、_____、_____ 和 _____。

　　（2）执行 _____ 可以将 3D 图层转换为普通图像图层。

　　（3）Photoshop CC 提供了 3 种类型的光源，分别是 _____、_____ 和 _____。

（4）"时间轴"面板分别为 ＿＿＿＿ 和 ＿＿＿＿ 两种模式。

2. 问答题

（1）创建 3D 对象有几种方法？

（2）怎样从已有的图层中快速创建动画效果？

（3）使用"存储"或"存储为"命令来存储动画效果有什么区别？

3. 上机题

（1）打开随书资源 \ 上机题 \ 素材 \12\01.3ds，如图 12-119 所示，应用 3D 光源面板为 3D 文件添加光照，让模型显得更有光泽感（背景素材为随书资源 \ 上机题 \ 素材 \12\02.jpg），效果如图 12-120 所示。

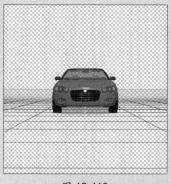

图 12-119

图 12-120

（2）利用素材（随书资源 \ 上机题 \ 素材 \12\03.psd ～ 05.psd），使用 3D 面板创建 3D 模型，并根据需要对模型的色彩、光源进行调整，制作逼真的 3D 模型，效果如图 12-121 所示。

（3）打开随书资源 \ 上机题 \ 素材 \12\06.jpg，如图 12-122 所示，使用"时间轴"面板创建云雾缭绕的时间轴动画效果。

图 12-121

图 12-122

第 13 章

动作、批处理及图像输出

在图像处理的最后阶段，可通过动作、批处理功能，快速完成单个或多个文件的最终操作，并利用图像输出设置，优化输出效果或选取特殊应用的文件格式，让用户根据最初需求获取编辑后的作品。

13.1 "动作"的运用

Photoshop CC 的"动作"选项具有自动处理图像功能，用户可通过"动作"面板来管理和应用动作。在"动作"面板中罗列了多种预设动作，选择后可直接应用到图像中。若将图像处理的操作步骤记录为新的动作，存储到"动作"面板中，当对其他图像应用该动作时，程序将自动运行这些操作步骤，快速处理出相同的效果。

13.1.1 了解"动作"面板

Photoshop 中的动作都存储在"动作"面板中，在面板中以动作组对动作进行归类。执行"窗口 > 动作"菜单命令，打开"动作"面板，在面板中可显示出默认动作。选择动作并播放，就能将该动作记录的操作步骤应用到图像中，实现自动处理。

1 查看并选择动作

打开一幅图像，如图 13-1 所示，打开"动作"面板，可看到"默认动作"动作组，单击该动作组前的三角按钮，如图 13-2 所示，展开该组中的动作，单击选择某个动作，并单击该动作前的三角按钮，可展开该动作的操作内容，如图 13-3 所示。

2 播放动作

选择动作后，单击"动作"面板下方的"播放动作"按钮 ▶，如图 13-4 所示，单击按钮即可自动运行该动作的操作内容，将该动作效果应用到图像中，自动创建出需要的效果，如图 13-5 所示即为播放后产生的效果。

图 13-1

图 13-2

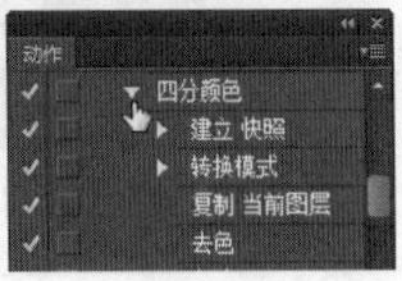

图 13-3

图 13-4

图 13-5

13.1.2 选择预设动作

如果"动作"面板中显示的为默认动作，为了应用更多 Photoshop CC 中的预设动作，可在"动作"

面板菜单中，选择命令、画框、图像效果、流星、文字等9种预设动作，选择后即可添加显示到面板中，播放后即可应用到图像上。

单击"动作"面板右上角的扩展按钮，在打开的面板菜单中显示了各种预设动作组，如图13-6所示，单击选择后即可将该动作组，添加到"动作"面板中，如图13-7所示，展开后将会显示该动作组中所有的动作内容，如图13-8所示。

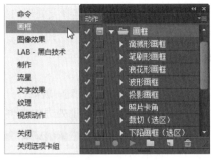
图 13-6

图 13-7

图 13-8

13.1.3 记录新动作

在"动作"面板中不仅可以选择预设的动作，还可以将常用的编辑操作步骤记录为新的动作，存储到"动作"面板中，在新建动作前，需选择动作组或新建一个动作组，再利用新建动作功能，在动作组中新建动作，开始记录对图像的操作过程，将操作步骤一步一步记录下来，停止记录后，创建出完整的动作内容。

1 新建动作组

在"动作"面板下方单击"创建新组"按钮 ，如图13-9所示，可打开一个"新建组"对话框，在对话框中可设置新建的动作组名称，如图13-10所示，确认设置后，在"动作"面板中即可创建出一个新的动作组，如图13-11所示。

图 13-10

2 新建并记录动作

在"动作"面板下方单击"创建新动作"按钮 ，如图13-12所示，在打开的"新建动作"对话框中可设置该动作名称、功能键等，如图13-13所示，新建动作后开始记录图像编辑过程中的操作步骤，如图13-14所示。

图 13-13

图 13-9

图 13-11

图 13-12

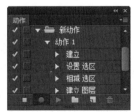
图 13-14

13.2 文件的批量处理

通过批量处理功能，可同时对多张图像进行编辑处理，为用户节约大量的时间和精力。常用的批量处理命令包括"批处理""Photomerge""图像处理器",利用这三个命令可以对照片批量应用动作以制作相同效果、拼合多张照片以及批量修改图像格式等。

13.2.1 使用"批处理"命令

利用"批处理"命令可对一个文件夹中的所有图像文件运行某个特定动作,同时对多个文件进行快速处理。执行"文件 > 自动 > 批处理"菜单命令,在打开的"批处理"对话框中即可选择要处理的文件、动作以及处理后的存储位置等。

1 批处理文件

选择要批量处理的文件夹,如图 13-15 所示,执行"文件 > 自动 > 批处理"菜单命令,即可打开"批处理"对话框,在对话框中可选择播放动作、源文件等,对话框如图 13-16 所示。

图 13-15

2 编辑颜色范围

单击源选项下的"选择"按钮,就能打开"浏览文件夹"对话框,选取需要批处理的文件夹,如图 13-17 所示,在"动作"下拉列表中选取动作,如图 13-18 所示,确认设置后软件将自动处理所选中的文件夹中的所有图像,如图 13-19 所示。

图 13-17

图 13-16

图 13-18

图 13-19

13.2.2 创建快捷批处理

"快捷批处理"是一种批量处理的快捷方式,通过"创建快捷批处理"命令,可创建一个应用程序的快捷方式,并存储到需要的文件夹内。将需要处理的某个或多个文件选中后,拖曳到快捷批处理图标上,即可在 Photoshop CC 中让这些文件进行自动处理,快速得到需要的效果。

1 创建快捷批处理

执行"文件 > 自动 > 创建快捷批处理"菜单命令,在打开的"创建快捷批处理"对话框中设置快捷批处理存储位置、选择处理动作等,如图 13-20 所示,创建快捷批处理图标如图 13-21 所示。

图 13-20

图 13-21

2 应用快捷批处理

将需要处理的图像选中后拖曳到快捷批处理图标上,如图 13-22 所示,即可将图像在 Photoshop CC 中打开并自动进行处理,快速为图像添加需要的效果,如图 13-23 所示。

图 13-22

图 13-23

13.2.3　多张照片的拼接处理

对于有相同区域的多张照片，使用 Photomerge 命令可对其进行不同形式的拼接，自动处理出完整的全景照片效果。执行"文件 > 自动 >Photomerge"菜单命令，打开 Photomerge 对话框，在对话框中选择要处理的源文件，并且可以选择如自动、透视、圆柱、球面、拼贴等多种版面方式来对图像文件进行拼接。

1　选择拼接文件

打开多张具有相同图像区域的文件，如图 13-24 所示，执行"文件 > 自动 >Photomerge"菜单命令，在打开的对话框中添加需要打开的文件，并选择版面方式，如图 13-25 所示。

2　查看拼接效果

确认 Photomerge 设置后，软件将自动新建一个"全景图 1"文件，使多个图像自动拼接出一幅新的全景图像，在"图层"面板中可看到合成图层效果，如图 13-26 所示，全景图像效果如图 13-27 所示。

图 13-24

图 13-25

图 13-26

图 13-27

📖 知识补充

Photomerge命令用于拼接全景图效果，为了能让全景图像的画面表现得更为广阔，可在拍摄时，为同一景物拍摄不同角度的多张照片，传送至计算机中，利用 Photomerge 命令进行自动化处理，将多张照片完美合成为一张壮丽的全景图。对于拼接后出现的参差不齐的边缘效果，可利用"裁剪工具"进行裁剪，让画面变得更完整。

13.2.4　使用"图像处理器"批处理文件

使用"图像处理器"命令可以转换和处理多个文件，将所选择的文件夹中的图像文件以特定的格式、大小保存。执行"文件 > 脚本 > 图像处理器"菜单命令，在打开的"图像处理器"对话框中选择需要处理的文件夹、存储位置、文件类型和运行的动作等。

执行"文件 > 脚本 > 图像处理器"菜单命令，在打开的对话框中单击"选择文件夹"选项按钮，打开"选择文件夹"对话框，选取文件夹，如图 13-28 所示，再返回"图像处理器"对话框中设置文件类型、选择动作，如图 13-29 所示，确认设置后即可对选中的文件夹中的全部文件进行处理。

图 13-28

图 13-29

13.3　文件的输出

在 Photoshop 中制作出精美的作品后，可使用多种方式输出：执行"存储为"命令可将其存储为各种文件格式；执行"存储为 Web 所用格式"命令可将其输出为网页适合的文件；执行"打印"命令可以在图像打印前进行优化设置。

13.3.1　选择图像的存储格式

编辑图像文件后，执行"文件 > 存储为"菜单命令，在打开的"存储为"对话框中的"保存类型"下拉列表中可选择 PSD、BMP、JPEG、PNG 和 TIFF 等 22 种文件格式。

图像编辑完成后，执行"存储为"命令，在打开的对话框中可设置存储的图像位置、名称，如图 13-30所示。单击格式选项下拉按钮，在下拉列表中选择需要的文件格式，选取文件格式后，还可设置存储选项。如图 13-31 所示为重新指定文件的存储位置和名称的效果。

图 13-30

图 13-31

13.3.2　存储为 Web 所用格式

对图像执行"文件 > 导出 > 存储为 Web 所用格式（旧版）"菜单命令，在打开的"存储为 Web 所用格式"对话框中对图像进行优化设置，选择需要的文件格式等，确认后即可将图像输出为 Web 所用的格式。

1 选择存储格式

对图像文件执行"文件 > 导出 > 存储为 Web 所用格式（旧版）"菜单命令，在打开的对话框右侧的文件格式下拉列表中选择文件格式，如图13-32 所示，设置后在对话框左侧的预览框中可看到该格式优化后的图像效果，如图 13-33 所示。

图 13-32

图 13-33

2 以四联预览图像

在预览框中单击"四联"标签，将预览框以四联形式显示，然后在对话框右侧的选项中设置各选项，如图 13-34 所示，以优化图像，优化后的画面效果如图 13-35 所示。

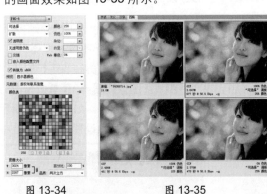

图 13-34　　　　　　图 13-35

📖 知识补充

优化图像后，单击对话框下方的"预览"选项按钮，将打开 Web 浏览器，显示优化后的图像效果，并在图像下方显示图像的格式、尺寸、大小和设置内容等。

13.3.3　图像的导出

通过"导出"命令可将图像导出为需要的特殊文件格式，例如导出为视频文件或将图像中的路径导出为 Illustrator 文件，也可以利用 Zoomify 命令将图像发布到 Web 服务器终端。执行"文件 > 导出"菜单命令，在打开的子菜单中即可选择需要的导出命令。

1　Zoomify导出

执行"文件 > 导出 >Zoomify"菜单命令，如图 13-36 所示，打开"Zoomify 导出"对话框，在对话框中设置输出文件的位置、浏览器大小等，设置后可在 Web 浏览器中打开图像，对话框如图 13-37 所示。

2　导出路径到Illustrator

对于绘制的矢量路径图形，可执行"文件 > 导出 > 路径到 Illustrator"菜单命令，打开"导出路径到文件"对话框，选择导出的路径，如图 13-38 所示，确定后可打开"选择存储路径的文件夹名"对话框，设置文件名称位置，如图 13-39 所示。

图 13-36　　　　　　　图 13-37　　　　　　　　图 13-38　　　　　　　图 13-39

> **📖 知识补充**
>
> 利用"将路径导出为 Illustrator"命令将路径导出为适合 Adobe Illustrator 软件的格式，即 AI 格式，导出的文件以 AI 图标显示，双击文件，即可在 Adobe Illustrator 软件中打开文件。

13.3.4　图像的打印

需要对编辑后的图像打印输出时，可执行"文件 > 打印"菜单命令，然后在"打印"对话框中对图像进行打印前的设置，可调整需要打印的图像区域、打印的页面大小、打印份数，也可以对打印文件进行色彩管理、位置和大小等操作，帮助用户打印出图像的真实效果。

1　调整打印图像

对需要打印的图像执行"文件 > 打印"菜单命令，打开"打印"对话框，使用鼠标在预览框中的图像上单击并拖曳，调整图像大小，如图 13-40 所示。将图像调整到适合页面大小后的效果如图 13-41 所示。

2　设置打印选项

单击"打印"对话框右侧设置栏中的"位置和大小"选项前的三角按钮，在展开的设置选项中可调整图像位置和缩放后打印尺寸等。单击"打印标记"选项前的扩展按钮，可在展开选项中为打印文件设置打印标记，如图 13-42 和图 13-43 所示。

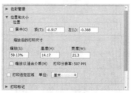

图 13-40　　　　　　　图 13-41　　　　　　　　图 13-42　　　　　　　图 13-43

📖 知识补充

在"打印"对话框中需要设置打印页面的大小，单击对话框右上方的"打印设置"选项按钮，可在打开的对话框中看到当前页面的大小和方向，单击页面大小选项的下拉按钮，可在打开的下拉列表中选择预设的各种大小尺寸，如图 13-44 所示，也可在宽度和高度选项中直接输入数值，确定打印的页面大小。

图 13-44

实例 1　利用动作添加相框效果

对图像进行编辑后，可添加上适当的相框来装饰画面，利用"动作"功能可快速完成这一操作。在"动作"面板中选择预设的一个或多个画框动作，直接应用到图像上，自动添加上简洁、漂亮的相框效果，让图像作品效果变得更完整。

> 原始文件：随书资源 \ 素材 \13\01.jpg
>
> 最终文件：随书资源 \ 源文件 \13\ 利用动作添加相框效果 .psd

1 打开原始文件，在"图层"面板中单击"背景"图层并向下拖曳到"创建新图层"按钮上，复制图层得到"背景拷贝"图层，如图 13-45 所示。

3 混合图层后，画面变得更柔和，在"通道"面板中按住 Ctrl 键的同时单击 RGB 通道缩览图，载入通道为选区，如图 13-48 所示。

图 13-45

图 13-48

2 执行"滤镜 > 模糊 > 高斯模糊"菜单命令，在打开的"高斯模糊"对话框中设置"半径"为 5 像素，如图 13-46 所示，模糊图像，在"图层"面板中设置"背景拷贝"图层混合模式为"叠加"，如图 13-47 所示。

4 创建"色阶 1"调整图层，在"属性"面板中调整色阶选项滑块依次到 70、1.69、255 位置，设置后增强画面对比度效果，如图 13-49 所示。

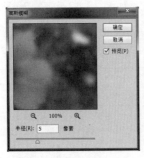

图 13-46

图 13-47

图 13-49

5 盖印图层，得到"图层 1"图层，打开"动作"对话框，单击对话框右上角的扩展按钮，在打开的面板菜单中选择"画框"选项，如图 13-50 所示。

6 在"动作"面板中可看到添加的"画框"动作组，并可查看到该动作组下的多个画框动作，如图 13-51 所示。

图 13-53

9 在"图层"面板中隐藏"图层 3"的"内阴影"效果，如图 13-54 所示，选中画框图层，按下快捷键 Ctrl+T，使用变换编辑框对画框进行缩小变换，调整到适当的大小和位置，并按下 Enter 键确认变换。

 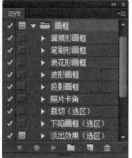

图 13-50 　　　　　　　图 13-51

7 在"动作"面板中单击选中"笔刷形画框"动作，然后单击下方的"播放选定的动作"按钮，开始为图像应用该动作，添加上白色的笔刷形边框效果，如图 13-52 所示。

图 13-54

10 最后使用"裁剪工具"将画面边缘的空余区域裁剪掉，展现出更完整的画面效果，如图 13-55 所示，利用动作快速为图像添加上画框，装饰图像。

图 13-52

8 在"动作"面板中选中"木质相框 -50 像素"动作，单击"播放选定的动作"按钮，应用该动作，为图像添加木质画框，如图 13-53 所示。

图 13-55

实例 2　拼接出壮丽的全景图

当需要将多张图像完美拼接成一幅全景效果图时，可通过 Photomerge 命令的自动拼接功能完成操作。先选取需要拼接的文件，制作自动创建无缝合成的图像，最后利用"裁剪工具"去除合成图像时产生的参差不齐的边缘，并增强画面色彩饱和度，展现出一幅壮丽的全景图。

原始文件：随书资源 \ 素材 \13\02.jpg ～ 04.jpg

最终文件：随书资源 \ 源文件 \13\ 拼接出壮丽的全景图 .psd

1 执行"文件 > 自动 > Photomerge"菜单命令，打开 Photomerge 对话框，单击"浏览"按钮，在"打开"对话框中选中 "02.jpg ～ 04.jpg"，如图 13-56 所示，然后单击"确定"按钮。

图 13-56

2 打开需要拼合的图像后，在 Photomerge 对话框中将版面选择为"自动"，然后单击"确定"按钮，程序将自动拼接图像，新建一个文档，并出现"进程"对话框，以提示创建无缝合成图像的进程，如图 13-57 所示。

图 13-57

3 程序自动拼合图像后，在新建的文件中图像将会合成为一幅新的画面，在"图层"面板中可看到该图像的合成图层效果，如图 13-58 所示。

图 13-58

4 选择"裁剪工具"，然后使用鼠标将裁剪边缘向内拖曳，创建裁剪框，如图 13-59 所示，然后按下 Enter 键确认裁剪。

图 13-59

5 确认裁剪后，在图像窗口中可看到去除了边缘的多余像素，最终展现出一幅完整的全景图像画面，如图 13-60 所示。

图 13-60

6 创建"自然饱和度 1"调整图层，在打开的"属性"面板中设置"自然饱和度"为 +80，如图 13-61 所示，设置调整图层后，可看到画面色彩饱和度被增强，展现出色彩艳丽的风景画面。

图 13-61

实例3 批量为图像添加水印

　　在图像中添加需要的水印信息，可以确保图像的版权。通过"动作"面板记录下添加水印的操作步骤，并将其存储为一个新的动作，然后利用"批处理"命令对需要添加水印的多张图像快速进行处理，批量为图像添加水印效果。

原始文件：随书资源 \ 素材 \13\05.jpg

最终文件：随书资源 \ 源文件 \13\ 批量为图像添加水印 .psd

1 打开原始文件，执行"窗口 > 动作"菜单命令，打开"动作"面板，单击面板下方的"创建新组"按钮 ▣，打开"新建组"对话框，确认设置后新建"组 1"动作组，如图 13-62 所示。

图 13-62

2 新建动作组后，单击"创建新动作"按钮 ▣，打开"新建动作"对话框，输入名称为"水印"，如图 13-63 所示，单击"记录"按钮，确认设置新建动作。

图 13-63

3 在"动作"面板中可看到新建的动作名称，并开始记录动作，如图 13-64 所示，使用"横排文字工具"在画面中输入两行黑色文字，如图 13-65 所示。

图 13-64 图 13-65

▼ 技巧提示：删除记录动作

　　开始记录动作时，如因操作不当而出现不需要的动作，可选择该动作步骤，拖曳到下方的"删除"按钮 🗑 上删除。

4 在文字图层上单击鼠标右键，在打开的菜单中选择"栅格化文字"选项，如图 13-66 所示，将文字图层转换为普通像素图层，执行"滤镜 > 风格化 > 浮雕效果"菜单命令，在打开的对话框中设置选项，如图 13-67 所示。

图 13-66 图 13-67

5 设置选项后，单击"确定"按钮，为文字添加浮雕效果，如图 13-68 所示。

图 13-68

6 在"图层"面板中将文字内容图层混合模式设置为"亮光"，图层混合后可看到半透明的水印文字效果，如图 13-69 所示。

图 13-69

7 在"动作"面板中单击"停止记录"按钮 ■，如图 13-70 所示，完成动作的记录，如图 13-71 所示。

图 13-70

图 13-71

8 执行"文件 > 自动 > 批处理"菜单命令,在打开的"批处理"对话框中选择动作组为"组 1",动作为"水印",然后单击"源"选项下的"选择"按钮,如图 13-72 所示,打开"浏览文件夹"对话框,从中选择需要处理的文件夹,如图 13-73 所示。

图 13-72

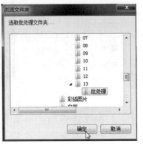

图 13-73

9 选择源文件后,在"目标"选项下拉列表中选择"文件夹"选项,单击"选择"按钮,如图 13-74 所示,打开"浏览文件夹"对话框,选择批处理后图像的存储位置,如图 13-75 所示,然后单击"确定"按钮。

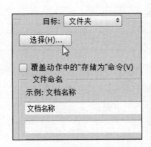

图 13-74

图 13-75

10 返回"批处理"对话框,在对话框中设置批处理后的文件存储名称和格式,如图 13-76 所示,单击"确定"按钮,开始批处理文件。

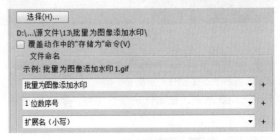

图 13-76

11 完成批量处理后,在计算机中打开批量处理图像存储的文件夹,即可预览到各图像上添加的半透明水印效果,如图 13-77。

图 13-77

13.4 本章小结

在 Photoshop CC 中可以利用"动作"对文件进行快速的批处理,并且可以将批处理后的图像通过不同的输出方式输出。本章主要讲述了使用 Photoshop CC 进行动作的创建与应用和文件的存储与导出等知识,读者通过学习,能够掌握图像的快速处理与输出技术,并且可以根据个人需要选择合适的方式将文件输出到指定的位置。

13.5 思考与练习

1. 填空题

(1) 在"动作"面板中单击 _____ 可以创建动作组,单击 _____ 可以创建动作。

（2）打印图像时，可以选择 _____、_____、_____ 和 _____4 种不同的文件渲染方式。

（3）通过执行 _____ 或 _____ 菜单命令，可以存储编辑后的图像。

2. 问答题

（1）在"动作"面板中添加动作后，怎样将"动作"面板中的动作还原？

（2）如何使用 Photoshop CC 存储 GIF 动画？

（3）如何打印局部图像？

3. 上机题

（1）打开随书资源 \ 上机题 \ 素材 \13\01.jpg，如图 13-78 所示，运用"切片工具"对网页图像进行切片，如图 13-79 所示，并将切片图像存储为 Web 所用的格式。

图 13-78

图 13-79

全彩印刷 Photoshop CC 2015

数码照片处理
从入门到精通

从零基础进阶到高手
无障碍
体验式学习

赠

1. 长达500分钟的本书配套教学视频
2. 550分钟的人像照片精修和专业调色教学视频、150个照片处理常用动作、150个精美笔刷
3. 《配色手册》电子书一本

铜版全彩印刷 Photoshop

人像摄影后期
处理实战技法

人像后期一本就够
简单 实用
轻松修出大片

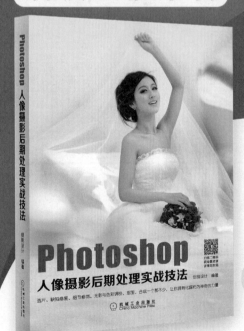

赠

1. 长达300分钟的本书配套教学视频
2. 250分钟的数码照片后期调色教学视频、200分钟的商品照片精修教学视频
3. 150个照片处理常用动作